Prognosen bewerten

Lizenz zum Wissen.

Sichern Sie sich umfassendes Wirtschaftswissen mit Sofortzugriff auf tausende Fachbücher und Fachzeitschriften aus den Bereichen: Management, Finance & Controlling, Business IT, Marketing, Public Relations, Vertrieb und Banking.

Exklusiv für Leser von Springer-Fachbüchern: Testen Sie Springer für Professionals 30 Tage unverbindlich. Nutzen Sie dazu im Bestellverlauf Ihren persönlichen Aktionscode **C0005407** auf www.springerprofessional.de/buchkunden/

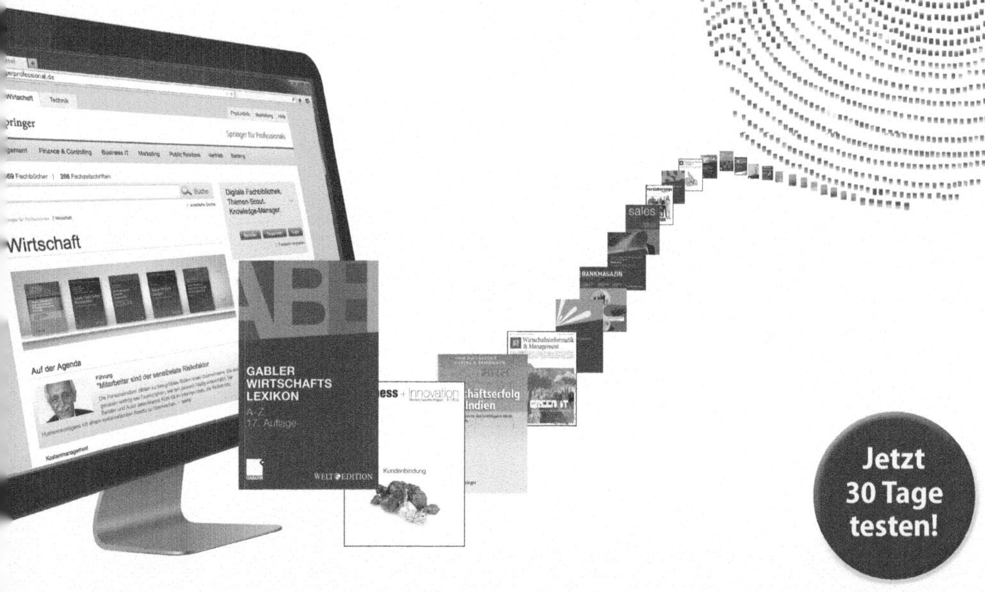

Jetzt 30 Tage testen!

Springer für Professionals.
Digitale Fachbibliothek. Themen-Scout. Knowledge-Manager.

- Zugriff auf tausende von Fachbüchern und Fachzeitschriften
- Selektion, Komprimierung und Verknüpfung relevanter Themen durch Fachredaktionen
- Tools zur persönlichen Wissensorganisation und Vernetzung

www.entschieden-intelligenter.de

Springer für Professionals

Michael Feindt · Ulrich Kerzel

Prognosen bewerten

Statistische Grundlagen
und praktische Tipps

Michael Feindt
Karlsruher Institut für Technologie
Institut für Experimentelle Kernphysik
Karlsruhe
Deutschland

Ulrich Kerzel
Blue Yonder GmbH
Karlsruhe
Deutschland

ISBN 978-3-662-44682-9 ISBN 978-3-662-44683-6 (eBook)
DOI 10.1007/978-3-662-44683-6
Springer Heidelberg Dordrecht London New York

Die Deutsche Nationalbibliothek verzeichnet diese Publikation in der Deutschen Nationalbibliografie; detaillierte bibliografische Daten sind im Internet über http://dnb.d-nb.de abrufbar.

Springer Gabler
© Springer-Verlag Berlin Heidelberg 2015
Das Werk einschließlich aller seiner Teile ist urheberrechtlich geschützt. Jede Verwertung, die nicht ausdrücklich vom Urheberrechtsgesetz zugelassen ist, bedarf der vorherigen Zustimmung des Verlags. Das gilt insbesondere für Vervielfältigungen, Bearbeitungen, Übersetzungen, Mikroverfilmungen und die Einspeicherung und Verarbeitung in elektronischen Systemen.

Die Wiedergabe von Gebrauchsnamen, Handelsnamen, Warenbezeichnungen usw. in diesem Werk berechtigt auch ohne besondere Kennzeichnung nicht zu der Annahme, dass solche Namen im Sinne der Warenzeichen- und Markenschutz-Gesetzgebung als frei zu betrachten wären und daher von jedermann benutzt werden dürften.

Lektorat: Michael Bursik
Assistenz: Janina Sobolewski

Gedruckt auf säurefreiem und chlorfrei gebleichtem Papier

Springer Gabler ist eine Marke von Springer DE. Springer DE ist Teil der Fachverlagsgruppe Springer Science+Business Media
www.springer-gabler.de

Vorwort

Vorhersagen für zukünftige Ereignisse bilden seit jeher die Grundlage der meisten Aktionen und Interaktionen von Menschen innerhalb einer Gesellschaft. Mit dem Wandel der Gesellschaft durch die zunehmende Digitalisierung können mehr und mehr Entscheidungen, auch automatisiert, datengetrieben getroffen werden. Beide Autoren kommen aus der experimentellen Teilchenphysik und haben eine langjährige Forschungserfahrung an den größten Laboratorien der Welt, wie z. B. dem CERN in Genf in der Schweiz oder dem Fermi National Laboratory bei Chicago, USA. Die dort entwickelten und angewendeten Methoden, datengetrieben zu Erkenntnissen zu gelangen und in automatisierte Entscheidungen einfließen zu lassen, lassen sich auf eine große Bandbreite von Fragestellungen in der Wirtschaft übertragen und dort erfolgreich anwenden.

In vielen konkreten Projekten hat sich immer wieder gezeigt, dass ein großer Informationsbedarf und auch -wunsch besteht, sich mit dem Thema der Erstellung und Bewertung von Prognosen intensiv auseinanderzusetzen. Diese Diskussionen dienen als Motivation zu diesem Buch – es richtet sich zum einen an Manager, Strategen und Projektleiter, denen dieses Buch eine Übersicht über die wichtigsten Aspekte der Arbeit mit Prognosen und deren Bewertung geben soll. Zahlreiche Beispiele aus der Praxis, sowie kurze Zusammenfassungen erläutern den Bezug zu konkreten Projekten im wirtschaftlichen Alltag. Zum anderen bietet das Buch die notwendige wissenschaftliche Tiefe, so dass sich Data Scientists, Naturwissenschaftler, Ingenieure und Analysten umfassend mit der Thematik vertraut machen können und in der konkreten Projektarbeit umsetzen können.

Die Autoren möchten an dieser Stelle den unzähligen Mitarbeitern danken, ohne deren Engagement dieses Buch nicht möglich wäre.

Prof. Dr. Michael Feindt
Dr. Ulrich Kerzel

Inhaltsverzeichnis

1	**Einleitung**	1
	1.1 Übersicht	1
	1.2 Literaturübersicht	2
2	**Statistische Grundlagen**	7
	2.1 Motivation	7
	2.2 Wahrscheinlichkeitsverteilung	7
	2.2.1 Definition der Wahrscheinlichkeitsdichte	7
	2.2.2 Erwartungswerte	8
	2.2.3 Quantile	10
	2.2.4 Konfidenzintervall	10
	2.2.5 Wichtige Wahrscheinlichkeitsdichten	11
	2.2.6 Beziehung zwischen einem Zählexperiment und der Zeit zwischen Ereignissen	15
	2.3 Korrelierte Variablen	16
	2.4 Bayessche Statistik	19
	2.5 Benfordsches Gesetz	22
	2.6 Fehlerbehaftete Größen	23
	2.6.1 Fehler 1. und 2. Art	26
3	**Erstellen von Prognosen**	27
	3.1 Theoretische Grundlagen	27
	3.1.1 Prognose als Wahrscheinlichkeitsverteilung	29
	3.1.2 Kostenfunktion und Prognosegütemaß	32
	3.2 Die „perfekte" Prognose	33

3.3 Punktschätzer und Kostenfunktion 36
    3.3.1 Allgemeine Kostenfunktion 36
    3.3.2 Mittlere Quadratische Abweichung 37
    3.3.3 Mittlere Absolute Abweichung 42
    3.3.4 Illustration des Verhaltens von MSE, MAD und rMAD .. 44
3.4 Weitere Testgrößen 47
    3.4.1 Prozentuale Fehlermaße und MAPE 47
    3.4.2 Theilscher Ungleichheitskoeffizient 52
3.5 Zusammenfassung Testgrößen 53
3.6 Kombination von Prognosen 54
    3.6.1 Addition von Prognosen 55
    3.6.2 Transformation von Prognosen 56

4 Bewertung von Prognosen 57
4.1 Einleitung 57
4.2 Bewertung mittels Kennzahlen 58
4.3 Darstellungen 59
    4.3.1 Übersicht 59
    4.3.2 Zeitreihe 59
    4.3.3 Liftchart 62
    4.3.4 Gini-Index 64
    4.3.5 Reinheit vs Effizienz 65
    4.3.6 ROC 65
    4.3.7 Diagonalplot 67
    4.3.8 Niveauplot 69
    4.3.9 Kumulierte Abweichung 70
    4.3.10 Inverse Quantilsverteilung 71
4.4 Statistische Effekte 74
    4.4.1 Ausreißer 74
    4.4.2 Diskretisierungseffekte 75
4.5 Psychologische Effekte 76
    4.5.1 Hindsight Bias 76
    4.5.2 Overconfidence 78

5 Schlusswort 79

Anhang A Gängige Prognosegütemaße 81

Literatur 85

Abbildungsverzeichnis

Abb. 2.1 Gaußverteilung und kumulative Wahrscheinlichkeitsverteilung.. 9
Abb. 2.2 Veranschaulichung verschiedener linearer Korrelationskoeffizienten... 18
Abb. 2.3 Verteilung der ersten Ziffer der Preise bei einem großen deutschen Versandhandelsunternehmen. Die durchgezogene Linie repräsentiert eine Anpassung des Benfordschen Gesetzes an die Daten... 23

Abb. 3.1 Beispiel für eine Wahrscheinlichkeitsverteilung als Ausgabe eines Prognoseverfahrens. Hervorgehoben sind verschiedene Charakteristika wie der Modus (M), der Median ($Q_{0.5}$) und der Erwartungswert $E[x]$ 31
Abb. 3.2 Poisson-Verteilung mit Mittelwert $\mu = 2.7$ zur Illustration des Verkaufs eines einzelnen Artikels 34
Abb. 3.3 Beispiele für die individuelle Kostenfunktion einzelner Artikel bei einem großen deutschen Versandhandelsunternehmen. Kosten aus Unter- und Überschätzung sind in rot bzw. grün dargestellt, die blaue Kurve zeigt die kombinierte Kostenfunktion, die für die Erstellung und Bewertung der Prognose relevant ist. Das Minimum der Funktion wird durch einen senkrechten schwarzen Balken dargestellt... 38
Abb. 3.4 Die quadratische Abweichung kann die Daten gut beschreiben, wenn keine Ausreißer in den Daten vorhanden sind............. 40

Abb. 3.5	Ein einziger Datenpunkt dominiert als Ausreißer die Anpassungsrechnung, die Daten werden nicht mehr korrekt beschrieben. Links: Alle Daten mit dem Ausreißer. Rechts: Vergrößerung der Verteilung der Daten...	41
Abb. 3.6	Absolute Abweichung bei gleichen Kosten (links) und bei unterschiedlichen Kosten (rechts) bei Über- und Unterschätzen des wahren Ereignisses...	43
Abb. 3.7	Illustration eines schnelldrehenden Artikels. In diesem idealisierten Beispiel wird der Verkauf eines Artikels mit fester Packungseinheit durch die diskrete (stufenförmige) Kurve dargestellt, die Prognose basiert auf dem besten Punktschätzer einer Wahrscheinlichkeitsverteilung und ist daher eine reelle Zahl.................	45
Abb. 3.8	Gütemaße entsprechend des hypothetischen Beispiels aus Abb. 3.7	46
Abb. 3.9	Illustration eines langsamdrehenden Artikels. In diesem idealisierten Beispiel wird der Verkauf eines Artikels mit fester Packungseinheit durch die diskrete (stufenförmige) Kurve dargestellt, während die Prognose als Punktschätzer aus einer Wahrscheinlichkeitsverteilung eine reelle Zahl ist.......................	47
Abb. 3.10	Gütemaße entsprechend des hypothetischen Beispiels aus Abb. 3.9	48
Abb. 3.11	Poisson – Verteilung mit Mittelwert $\mu = 0.5$.....................	49
Abb. 3.12	Prognose-Ereignis-Asymmetrie bei hohen Verkaufszahlen. Die Verteilung zeigt das bei „perfekten" Prognosen erwartete Ergebnis, dass die Asymmetrie symmetrisch um Null verteilt ist......	51
Abb. 3.13	Prognose-Ereignis-Asymmetrie bei niedrigen (links) und mittleren (rechts) Verkaufszahlen. Die Verteilung zeigt das Ergebnis für „perfekte" Prognosen..	51
Abb. 3.14	Verhalten des MAPE für Artikel selten verkaufte Artikel. Dargestellt werden zwei Möglichkeiten, Nullverkäufe, für den diese Kennzahl mathematisch nicht definiert ist, zu behandeln. Im linken Teil der Abbildungen werden Ereignisse mit wahren Nullverkäufen ignoriert, im rechten Teil wird eine Null eingesetzt. Die unterschiedlichen Möglichkeiten illustrieren, dass der MAPE nicht für eine Auswertung verwendbar ist..........................	52
Abb. 4.1	Wochenprofil des Verkaufs eines Artikels im Stationärhandel. Das Beispiel stammt aus einem Land, an dem die entsprechenden Filialen auch sonntags geöffnet sind................................	60

Abbildungsverzeichnis   XI

Abb. 4.2	Die Prognose ist als optimaler Punktschätzer für eine gegebene Kostenfunktion eine Abbildung einer ganzen Wahrscheinlichkeitsdichte. Darüber hinaus sind noch zwei extreme Quantile abgebildet ($Q_{0.05}$ und $Q_{0.95}$)	61
Abb. 4.3	Zeitliche Entwicklung von Prognose und eingetretenem Ereignis. Zu Beginn der betrachteten Periode überstieg das Verkaufsniveau das typische Niveau deutlich, was von der Prognose berücksichtigt wurde. In der Zeitreihe sind sowohl ein kurzer, als auch ein langer Prognosehorizont dargestellt. Die Abbildung stammt aus einem Praxisbeispiel, für das Datumsformat auf der x-Achse wurde die amerikanische Konvention (Monat/Tag/Jahr) gewählt.....	62
Abb. 4.4	Liftchart zur Veranschaulichung der Sortierfähigkeit des Modells..	64
Abb. 4.5	Reinheits-Effizienz-Kurve...	66
Abb. 4.6	Confusion matrix beim ROC...	67
Abb. 4.7	Diagonalplot für den Mittelwert (Erwartungswert) der Wahrscheinlichkeitsverteilung einer Versicherung im Vergleich zur mittleren eingetretenen Schadenshöhe. Besonders zu beachten ist, dass nur im Fall der roten Prognose das Prognoseverfahren korrekt an die vorhandenen Daten angepasst wurde, da die in grün und blau dargestellten Prognosen nicht auf der erwarteten Diagonale liegen	68
Abb. 4.8	Niveauplot für eine schlechte (*links*) und eine gute (*rechts*) Prognose. Auf der x-Achse sind für eine Artikelabsatzprognose die Artikel absteigend nach prognostizierter Absatzhöhe aufgetragen. Auf der y-Achse ist in blau der mittlere (wahre) Artikelverkauf, in schwarz der Erwartungswert (Mittelwert) der Prognose als Punktschätzer für die in der x-Achse enthaltenen Artikel aufgetragen...	69
Abb. 4.9	Kumulierte Abweichung für die mittlere absolute Abweichung (MAD, in *grün*) und mittlere quadratische Abweichung (MSE, in *schwarz*) am Beispiel eines Krankenversicherungstarifs. Man sieht, dass bereits 10 Kunden 50 % der gesamten Fehlersumme beim MSE ausmachen	70
Abb. 4.10	Landau-Verteilung und normierte kumulative Wahrscheinlichkeitsverteilung...	72
Abb. 4.11	Inverses Quantil: die Prognose für 2009 läst sich als Wahrscheinlichkeitsdichte interpretieren, da die inverse Quantilsfunktion im gesamten Bereich flach verteilt ist. Dies ist bei der Prognose	

för den Zeitraum 2006–2008 nicht perfekt der Fall und entsprechend hat das eingesetzte Prognoseverfahren im Training nicht alle Effekte vollständig gelernt... 73

Abb. 4.12 Poisson-Verteilung mit Mittelwert $\mu = 0.5$......................... 75

Einleitung 1

1.1 Übersicht

In konkreten Fragestellungen bilden genaue Prognosen für zukünftige Ereignisse die Grundlage wirtschaftlicher Prozesse und strategischer Entscheidungen. Damit sind sie für Unternehmen unentbehrlich, um sich auf zukünftige Entwicklungen einzustellen und die wirtschaftlichen Ziele des Unternehmens zu erreichen, bzw. diese zu optimieren. In den letzten Jahren hat die Bedeutung von Prognosen deutlich zugenommen: Gesunkene Preise für die IT-Infrastruktur erlauben es, letztlich alle in einem Unternehmen anfallenden Daten zu speichern und für eine spätere Verwendung vorzuhalten. Dies wird oft unter dem Schlagwort *Big Data* zusammengefasst. Moderne analytische Methoden, auch *Predictive Analytics* genannt, erlauben es, aus diesen Daten Prognosen für zukünftige Ereignisse zu erstellen. Dabei können eine Vielzahl von Datenquellen, die sowohl intern im Unternehmen vorhanden sind, als auch von externen Anbietern stammen können, kombiniert werden, um die benötigten Vorhersagen zu optimieren. Im Gegensatz zur klassischen Business Intelligence (BI), die sich hauptsächlich darauf konzentriert, zu verstehen, warum gewisse Ereignisse in der Vergangenheit eingetreten sind, erlauben die Methoden der Predictive Analytics, die grundlegenden Mechanismen aus der Vergangenheit zu extrahieren und daraus Prognosen für zukünftige Ereignisse zu erstellen.

Daher ist zunächst ein grundlegendes Verständnis nötig, was Prognosen eigentlich sind und wie sie in einem wirtschaftlichen Kontext bewertet werden können.

Diese beiden Fragestellungen werden in diesem Buch ausführlich diskutiert. Dabei wird sowohl auf mathematische Tiefe Wert gelegt, als auch ein intensiver Bezug zu praktischen Fragestellungen hergestellt.

Der weitere Text gliedert sich wie folgt: Nach einer Betrachtung der Fachliteratur zu diesem Thema werden zunächst die wichtigsten statistischen Konzepte und Fachbegriffe umrissen. Ein grundlegendes Buch zur Statistik ist z. B. [BL98] von V. Blobel, das hier als wichtiges Referenzwerk genannt sei. Anschließend wird im Detail diskutiert, was bei Erstellen von Prognosen zu beachten ist. Dabei wird besonderer Wert auf die Definition von Prognosen und den Zusammenhang zwischen Erstellung von Prognosen und ihrer Bewertung gelegt. In diesem Buch werden daher keine Prognoseverfahren als solche vorgestellt und diskutiert, sondern die theoretischen Grundlagen der Prognose und Gütemessung im Detail erarbeitet. Daran anschließend werden graphische Darstellungen vorgestellt, die sich sowohl bei der Auswahl von verschiedenen Prognoseverfahren, als auch bei der Bewertung von Prognosen in der Praxis als sehr hilfreich erwiesen haben.

1.2 Literaturübersicht

In der wirtschaftswissenschaftlichen Literatur wird eine nur schwer überschaubare Anzahl verschiedenster Maße zur Bestimmung der Prognosegüte vorgeschlagen und die Berechnung einer Prognose diskutiert, siehe z. B. [Sch80, Hüt86, Han83, Rot74, Rad02, The71, SH82, AS00, BH96, Küs12, Rud98] und die darin enthaltenen Referenzen. Eine Zusammenstellung der dort oft genannten Gütemaße ist in Anhang A zu finden, insbesondere haben auch [Rud98, Sch80] eine umfangreiche Zusammenstellung mit weiteren Literaturverweisen. Diese Vielfalt und *ad hoc-* Definition von verschiedenen Gütemaßen ist im Wesentlichen dadurch begründet, dass in den meisten Fällen in der Literatur die Prognose als „Punktvorhersage", also die Berechnung einer einzelnen Zahl betrachtet wird. Bei dieser Betrachtungsweise kann die intrinsische Verknüpfung von Prognose und Prognosegütemaß (auch Kostenfunktion genannt) nicht ausreichend berücksichtigt werden. Zwar wird z. B. auch in [Hüt86] erkannt, dass hier ein Zusammenhang besteht: z. B. erfolgt die Optimierung bestimmter Prognoseverfahren anhand einer festen Fehlerfunktion, diese Fehlerfunktion eignet sich aber nicht im allgemeinen für eine betriebswirtschaftliche Diskussion[1]. Im Folgenden werden dann Gütema-

---

[1] „1. Sollte nicht das gleiche Gütekriterium, das den Schätzprozeß steuert, auch für die Beurteilung der Prognosegüte angewandt werden [...] Erstens müßte dann, im Falle des MSE,

1.2 Literaturübersicht

ße getrennt von der Erstellung der Prognose diskutiert. Bei Schwarze[2] [Sch80] wird darüber hinaus die falsche Aussage getroffen, dass sich die Auswahl eines Prognosegütemaßes an der Optimierungsstrategie des Modells, aus dem die Prognosen gewonnen werden, orientieren sollte. Rothschild[3] [Rot74] und auch Küsters[4] [Küs12] weisen darauf hin, dass der ideale Weg darin bestünde, eine Kostenfunktion einzusetzen, die die für den Entscheidungsträger wichtigen Effekte abbildet. Es wird hier richtig erkannt, dass dies im Allgemeinen nicht möglich ist und daher auf vereinfachte Annahmen zurückgegriffen werden muss.

Bei Küsters werden zudem auch viele der eingangs erwähnten Prognosegütemaße diskutiert. So wird z. B. richtig diskutiert, dass ein quadratisches Bewertungsmaß sehr sensitiv auf Ausreißer reagiert und damit das Maß von wenigen Beiträgen dominiert werden kann. Wie in Abschn. 3.3.2 später ausgeführt wird, macht diese Eigenschaft das Maß für praktische Anwendungen unbrauchbar (mit Ausnahme der Situation, dass die tatsächlichen Kosten im Unternehmen einer quadratischen Funktion folgen). Bei der Betrachtung relativer Gütemaße fehlt darüber hinaus eine fundierte Betrachtung numerischer Instabilitäten bei der Berechnung. Allgemein fehlt in der gängigen Fachliteratur und Lehrbüchern ein fundiertes Verständnis, wie man sich dieser Thematik durch eine mathematische Betrachtungsweise nähern und einen Bezug zur Praxis herstellen kann.

Eine tiefergehende Betrachtung kann nur dann erfolgen, wenn man die Prognose als Punktschätzer einer vorhergesagten Wahrscheinlichkeitsdichte betrachtet. Auch Küsters [Küs12] erwähnt den Ansatz einer Vorhersage von Wahrscheinlichkeitsdichten kurz, verwirft diesen Ansatz jedoch mit dem Hinweis, dass hier besonders langreichende Zeitreihen nötig seien, die nur in Ausnahmefällen vorhanden seien[5] – dies ist i. a. nicht richtig, wie im weiteren Verlauf anhand von

---

generell eine quadratische Verlustfunktion unterstellt werden können. Das scheint aber aus betriebswirtschaftlicher bzw. praktischer Sicht nicht ohne weiteres möglich." (S. 258).

[2] „Zur formalen Beurteilung eines Prognosemodells sollte in erster Linie ein Fehlermaß verwendet werden, das dem Optimierungs- bzw. Anpassungskriterium des Modells entspricht." (S. 319).

[3] „Hier bestünde der für die Praxis ideale Weg im Einsatz einer Verlustfunktion, welche die Folgen verschiedener Fehleinschätzungen für den Entscheidungsträger abbildet" (S. 578).

[4] „Idealerweise lässt sich aus der Nutzerperspektive eine Kosten- oder Risikofunktion $R(y_t, \hat{y}_t)$ angeben, mit der die mit den ökonomischen Konsequenzen von Fehlprognosen verbundenen Kosten beschrieben werden." (S. 425), bzw. „Im Idealfall besteht zwischen dem benutzten Prognoseevaluationsmaß und den mit Fehlprognosen verbundenen Kosten ein expliziter Zusammenhang." (S. 432).

[5] „Idealerweise wird man auch Dichteprognosen generieren, da sich diese im Regelfall weitaus besser als Punkt- und Intervallprognosen zur optimalen Steuerung nutzen lassen.

Beispielen illustriert wird. Eine mathematisch fundiertere Diskussion der Vorhersage von Wahrscheinlichkeitsdichten erfolgt beispielsweise in [Lee07, DGT98], in der Diebold ebenfalls auf die Verknüpfung von Kostenfunktion und Vorhersage hinweist. Die Ausrichtung auf Finanzvorhersagen erschließt jedoch die allgemeine Bedeutung für die betriebliche Praxis von Vorhersagen nicht ausreichend. Im für Biostatistiker geschriebenen Buch von Held [Hel08] ist diese Verknüpfung in anderem Zusammenhang gut beschrieben.

Insgesamt betrachtet fällt bei detaillierter Durchsicht der gängigen Fachliteratur auf, dass insbesondere folgende Punkte meist nicht dediziert diskutiert werden:

- Alle Prozesse in unserem Universum (mit Ausnahme trivialer Systeme wie wie einem einfachen Pendel, etc.) werden durch statistische Prozesse bestimmt. Dies gilt genauso wie die Messung der Lebensdauer oder Masse von Teilchen in der Hochenergiephysik, wie auch für Absatzzahlen von Artikeln, Schadensgrößen bei Versicherungen oder allen anderen Arten von zu prognostizierenden Größen.
- Aufgrund der statistischen Natur der Prozesse können die Parameter, die diese (Natur-) Gesetze beschreiben, sehr genau bestimmt werden, jede einzelne Vorhersage für ein einzelnes Ereignis ist jedoch statistischen Schwankungen unterworfen.
- Da jede einzelne Realisierung eines Ereignisses mit einer gewissen Wahrscheinlichkeit eintreten kann, muss ein gutes Prognoseverfahren für jedes einzelne zu prognostizierendes Ereignis eine ganze Wahrscheinlichkeitsverteilung vorhersagen. Aus dieser Verteilung können dann ein geeigneter Punktschätzer als Prognosewert, sowie eine Abschätzung der Unsicherheit auf den Prognosewert extrahiert werden.
- Die Wahl des Punktschätzers ist nicht frei, sondern ergibt sich aus den konkreten wirtschaftlichen Gegebenheiten, die durch eine an die spezielle Fragestellung angepasste Kostenfunktion abgebildet werden. In diesem Sinne sind Kostenfunktion und Prognosegütemaß identisch. Wie später in Abschn. 3.3 im Detail erläutert wird, bestimmt dies auch, welcher optimale Punktschätzer als Prognose verwendet werden kann.

Allerdings benötigt man für genaue Prognosen der konditionalen Dichten relativ lange Zeitreihen, wie man sie im Regelfall nur bei Energie-, Kapitalmarkt- und Scannerdaten findet" (S. 425), bzw. „Im Rahmen der klassischen, güteorientierten betriebswirtschaftlichen Prognose findet man hingegen nur selten (etwa im Energiesektor) hinreichend lange Zeitreihen" (S. 446).

1.2 Literaturübersicht

In Kürze
- Alle Prozesse unterliegen statistischen Schwankungen und können entsprechend nur über Wahrscheinlichkeiten beschrieben werden.
- In der wirtschaftswissenschaftlichen Literatur werden Prognosen meist nur als eine Zahl, nicht aber als Wahrscheinlichkeitsverteilung verwendet.

Statistische Grundlagen 2

2.1 Motivation

Dieses Kapitel gibt eine kurze Übersicht über die im weiteren Verlauf des Buches benötigten mathematischen und statistischen Grundlagen. Zu Beginn wird der Begriff der Wahrscheinlichkeitsverteilung oder auch Wahrscheinlichkeitsdichte eingeführt und die wichtigsten Eigenschaften werden definiert, sowie einige wichtige Verteilungen vorgestellt. Im weiteren Verlauf wird erläutert, was eine Korrelation zwischen verschiedenen Größen bedeutet und wie sie mathematisch behandelt werden kann. Danach folgt eine kurze Einführung in die Bayessche Statistik und eine Übersicht über den Umgang mit fehlerbehafteten Größen.

Es sei hervorgehoben, dass diese Einführung nur eine kurze Übersicht bieten kann, für eine tiefergehende Behandlung sei auf die entsprechende Fachliteratur, z. B. [BL98] verwiesen.

2.2 Wahrscheinlichkeitsverteilung

2.2.1 Definition der Wahrscheinlichkeitsdichte

Verschiedene Größen können aufgrund statistischer Prozesse verschiedene Werte annehmen. Diese Größen werden Zufallsvariablen genannt. Man unterscheidet diskrete Zufallsvariablen (z. B. Münzwurf, Roulette) und kontinuierliche Zufallsvariablen. Letztere sind typischerweise das Ergebnis einer Messung oder eines Experiments.

Die Größe $f(x)$ einer kontinuierlichen Zufallsvariablen x wird als Wahrscheinlichkeitsdichte (engl. probability density function, PDF) bezeichnet. Sie ist positiv semidefinit und auf 1 normiert:

$$f(x) \geq 0 \;\forall x \quad \text{und} \quad \int_{-\infty}^{\infty} f(x)dx = 1 \tag{2.1}$$

Die Wahrscheinlichkeitsdichte selbst ist *keine* Wahrscheinlichkeit, sondern die Größe $f(x)\Delta x$ geht gegen die Wahrscheinlichkeit, dass die Zufallsvariable x zwischen x und $x + \Delta x$ liegt für $\Delta x \to 0$. Daraus folgt auch, dass die Wahrscheinlichkeit gleich null ist, dass x (bei kontinuierlichem $f(x)$) einen präzisen vorher festgelegten Wert (d. h. $\Delta x = 0$) hat.

Die Größe

$$F(x) = \int_{-\infty}^{x} f(x')dx' \tag{2.2}$$

mit $F(-\infty) = 0$ und $F(+\infty) = 1$ wird kumulative *Verteilungsfunktion* oder Wahrscheinlichkeitsverteilung (engl. cumulative distribution function - CDF) genannt. Dies ist in Abb. 2.1 am Beispiel der Gaußschen Normalverteilung illustriert.

2.2.2 Erwartungswerte

Eine wichtige Größe, um Wahrscheinlichkeitsverteilungen zu charakterisieren, ist der Erwartungswert bezüglich einer Funktion $g(x)$, der definiert wird als:

$$E[g] = \int_{-\infty}^{\infty} g(x)f(x)dx \tag{2.3}$$

Die Erwartungswerte von $g(x) = x^n$ werden n-te algebraische Momente μ_n, die von $g(x) = (x - \langle x \rangle)^n$ n-te zentrale Momente μ'_n genannt. Eine Wahrscheinlichkeitsdichte ist eindeutig definiert durch alle ihre Momente. Ein Beweis ist in [BL98] zu finden.

Der *Mittelwert* als Erwartungswert der Funktion $g(x) = x$ ist ein Spezialfall davon:

$$\langle x \rangle = E[x] = \int_{-\infty}^{\infty} xf(x)dx \tag{2.4}$$

2.2 Wahrscheinlichkeitsverteilung

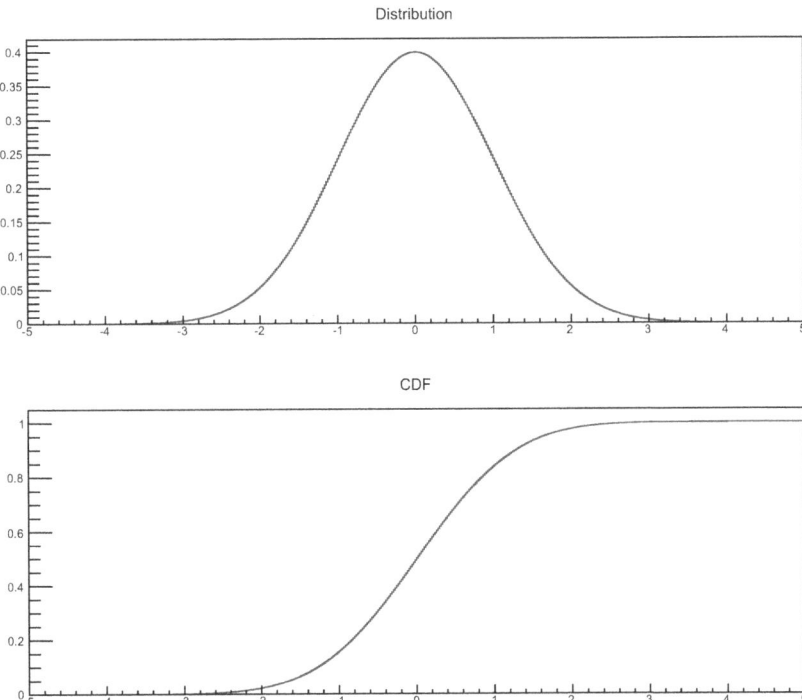

Abb. 2.1 Gaußverteilung und kumulative Wahrscheinlichkeitsverteilung

Das zweite zentrale Moment μ'_2 ist ein Maß für die Breite einer Wahrscheinlichkeitsdichte und wird als *Varianz* bezeichnet:

$$V[x] = E\left[(x - \langle x \rangle)^2\right] = \int_{-\infty}^{\infty} (x - \langle x \rangle)^2 f(x) dx \tag{2.5}$$

Es gilt:

$$V[x] = E[x^2] - \langle x \rangle^2$$
$$V[ax] = a^2 V[x]$$

Die Varianz ist positiv und die *Standardabweichung* wird definiert als

$$\sigma = \sqrt{V[x]} \quad \text{oder} \quad V[x] = \sigma^2 \tag{2.6}$$

2.2.3 Quantile

Quantile unterteilen die Wahrscheinlichkeitsdichte in zwei Bereiche und werden durch eine Zahl p mit $0 < p < 1$ charakterisiert. Links vom Quantil Q_p liegen $p * 100\%$ aller Werte, rechts davon $(1-p) * 100\%$. Sie sind also definiert als

$$\int_{-\infty}^{Q_p} f(x)dx = p \qquad (2.7)$$

Ein wichtiges Quantil ist der *Median*, der die Wahrscheinlichkeitsverteilung in zwei gleiche Teile unterteilt:

$$Q_{0,5} := \int_{-\infty}^{x_{0,5}} f(x)dx = 0,5$$

Gegenüber dem Mittelwert hat der Median den Vorteil, dass er robust ist und nicht so sensitiv auf die Ausläufer der Wahrscheinlichkeitsdichte reagiert wie der Mittelwert.

Darüber hinaus werden die Quantile $Q_{0,84}$ und $Q_{0,16}$ gerne betrachtet, da sie bei der Gaußverteilung den Positionen entsprechen, die vom Mittelwert eine Standardabweichung entfernt sind: $\mu \pm \sigma$, sowie die Quartile $Q_{0,25}$ und $Q_{0,75}$.

2.2.4 Konfidenzintervall

Das Konfidenzintervall gibt an, ob die Daten mit einer bestimmten Hypothese verträglich sind. Meist wird nur die Größe der Abweichung betrachtet, so lässt sich das beidseitige Konfidenzintervall definieren als:

$$P(t_- \leq t \leq t_+) = \int_{t_-}^{t_+} f(x)dx \qquad (2.8)$$

wobei $f(x)$ die Wahrscheinlichkeitsdichte der Variable x ist. Die folgenden Werte werden oft verwendet:

$$\begin{aligned}P &= 68\% \quad (1\sigma) \\ &= 95\% \quad (1,96\sigma) \quad \text{oder} \quad 95,4\% \quad (2\sigma) \\ &= 99\% \quad (2,58\sigma)\end{aligned}$$

2.2 Wahrscheinlichkeitsverteilung

wobei die Werte in Klammern für eine Gaußsche Wahrscheinlichkeitsverteilung und ein beidseitig symmetrisches Konfidenzintervall gelten. In der Experimentalphysik wird verlangt, dass ein neuer Effekt mindestens eine statistische Signifikanz von 3σ aufweist, um von einer Evidenz für diesen neuen Effekt sprechen zu können. Von einer Entdeckung spricht man erst, wenn eine Signifikanz von 5σ erreicht ist. In anderen wissenschaftlichen Zweigen ist es hingegen üblich, bereits ab einem Konfidenzintervall von 95 %, also $1,96\sigma$, von einer gesicherten Erkenntnis zu sprechen. Dies bedeutet im Umkehrschluss, dass hier jede zwanzigste „Entdeckung" nur auf zufälligen Schwankungen beruht, also keinen wissenschaftlichen Hintergrund hat und entsprechend auch keinen Erkenntnisgewinn liefern kann, siehe auch Kap. 2.4.

2.2.5 Wichtige Wahrscheinlichkeitsdichten

In diesem Abschnitt werden einige wichtige Wahrscheinlichkeitsverteilungen vorgestellt, die in praktischen Anwendungen eingesetzt werden. Hierbei ist zwischen diskreten und kontinuierlichen Wahrscheinlichkeitsverteilungen zu unterscheiden. Bei diskreten Verteilungen kann die Zufallsvariable nur bestimmte (diskrete) Werte annehmen, bei kontinuierlichen Verteilungen ist jeder Wert des Zahlenraums möglich.

Binomial-Verteilung
Bei der Binomial-Verteilung handelt es sich um eine diskrete Wahrscheinlichkeitsverteilung. Falls die Wahrscheinlichkeit für das Auftreten eines Ereignisses p ($p \in [0, 1]$) ist, dann ist die Wahrscheinlichkeit, dass es bei n Versuchen *genau* r mal auftritt

$$P(r|n,p) = \binom{n}{r} p^r (1-p)^{n-r} \quad r = 0, 1, 2, \ldots, n \qquad (2.9)$$

Für Mittelwert und Varianz gilt:

$$\langle r \rangle = \sum_{r=0}^{n} r P(r) = np \qquad (2.10)$$

$$V[r] = \sigma^2 = (r - \langle r \rangle)^2 P(r) = np(1-p) \qquad (2.11)$$

Oft wird $P(r|n, p)$ mit $P(p|n, r)$ verwechselt, also die Wahrscheinlichkeit für die Häufigkeit des Auftretens des Ereignisses in n Versuchen mit der Wahrscheinlichkeit, dass das Ereignis auftritt (p).

Darüber hinaus ist zu sehen, dass aus der Wahrscheinlichkeit, das Ereignis nicht (also genau Null mal) zu beobachten nicht folgt, dass die Wahrscheinlichkeit für das Ereignis Null ist ($p > 0$) oder die Varianz Null ist ($\sigma^2 > 0$).

Poisson-Verteilung
Eine wichtige Verteilung ist die ebenfalls diskrete *Poisson-Verteilung*, die definiert ist als:

$$P(r|\mu) = \frac{\mu^r e^{-\mu}}{r!} \tag{2.12}$$

Sie gibt die Wahrscheinlichkeit an, bei n Versuchen im Grenzfall $n \to \infty, p \to 0$ mit $n \cdot p = \mu$ genau r Ereignisse zu erhalten. Diese Verteilung hat nur einen freien Parameter, ihren Mittelwert μ, und bildet diskrete Ereignisse ab. Sie tritt oft in Fällen auf, in denen Dinge oder Ereignisse gezählt werden. Sie ist mit der Exponentialverteilung verknüpft (siehe Abschn. 2.2.6) und beschreibt die Verteilung zufälliger Ereignisse (z. B. von Blitzen bei einem Gewitter, radioaktive Zerfälle in einem bestimmten Zeitintervall, ...). Die Varianz von r beträgt ebenfalls μ. Das bedeutet, dass bei Poisson-Prozessen die Standardabweichung $\sigma = \sqrt{\mu}$ mit der Wurzel des Erwartungswertes ansteigt, und der relative Fehler σ/μ mit $\frac{1}{\sqrt{\mu}}$ abfällt. Dieses Verhalten ist typisch für alle statistischen Prozesse.

Gamma-Funktion
Die Gamma-Funktion $\Gamma(x)$ ist definiert durch die Erweiterung der Fakultät auf nicht ganzzahlige Werte:

$$\Gamma(x+1) = x! \tag{2.13}$$

wobei

$$x! = \int_0^\infty y^x e^{-y} dy$$

Es gilt: $\Gamma(x+1) = x\Gamma(x)$.

Gamma-Poisson-Verteilung
Die ebenfalls diskrete *Gamma-Poisson-Verteilung* geht zurück auf [GY20] und hat ähnliche Eigenschaften wie die Poisson-Verteilung, ist aber durch einen weiteren Parameter charakterisiert. Daher kann sie empirisch dann eingesetzt werden, wenn diskrete Ereignisse abgebildet werden sollen, die Daten aber nur durch eine breitere Verteilung erfolgreich beschrieben werden können. Dies gilt insbesondere dann, wenn der Mittelwert μ, der die Poisson-Verteilung als einzigen Parameter charakterisiert, selbst Schwankungen unterworfen ist,

2.2 Wahrscheinlichkeitsverteilung

bzw. als Zufallsvariable interpretiert werden muss. Wird angenommen, dass der Mittelwert μ einer Gamma-Verteilung mit Formparameter r und Rate $p/(1-p)$ folgt, so ergibt sich für die Gamma-Poisson-Verteilung:

$$P(k|r,p) = \int_0^\infty f_{\text{Poisson}(\mu)}(k) \cdot f_{\Gamma(r,\frac{p}{1-p})}(\mu) d\mu \qquad (2.14)$$

$$= \frac{\Gamma(r+k)}{k!\Gamma(r)} p^k (1-p)^r \qquad (2.15)$$

Gaußverteilung

Die kontinuierliche Gaußverteilung (auch Gaußsche Normalverteilung oder Normalverteilung) ist die wichtigste Verteilung und ist definiert als

$$P(x|\mu,\sigma) = \frac{1}{\sqrt{2\pi}\sigma} e^{-\frac{(x-\mu)^2}{2\sigma^2}} \qquad (2.16)$$

Sie wird durch 2 Parameter charakterisiert, μ und σ, wobei

$$\mu = E[x]$$

$$\sigma = \sqrt{V[x]}$$

Die Gaußverteilung kann hergeleitet werden als Grenzfall der Binomialverteilung für große Werte von n und r, sowie als Grenzfall der Poisson-Verteilung für große Werte von μ.
Es gilt:

$$|x - \mu| \geq 1\sigma \quad x \text{ außerhalb von } \pm 1\sigma : 31,74\%$$

$$|x - \mu| \geq 2\sigma \quad x \text{ außerhalb von } \pm 2\sigma : 4,55\%$$

$$|x - \mu| \geq 3\sigma \quad x \text{ außerhalb von } \pm 3\sigma : 0,27\%$$

Das bedeutet also, dass im Mittel ca. 32 % der Fälle *außerhalb* des 1σ Bereichs liegen müssen.

Ihre besondere Bedeutung stammt aus dem *zentralen Grenzwertsatz*: Die Wahrscheinlichkeitsdichte der Summe $\sum_{i=1}^n x_i$ einer Stichprobe aus n unabhängigen Zufallsvariablen x_i mit einer beliebigen Wahrscheinlichkeitsdichte mit Mittelwert $\bar{x}$ und Varianz σ^2 geht in der Grenze $n \to \infty$ gegen eine Gaußverteilung mit Mittelwert $\bar{y} = n\bar{x}$ und Varianz $V[y] = n\sigma^2$. Diese Eigenschaft kann auch dazu benutzt werden, aus einer beliebigen normierten Verteilung eine Gaußverteilung zu erzeugen.

Log-Normalverteilung
Die kontinuierliche Log-Normalverteilung ist mit der Gaußverteilung verwandt und wird ebenfalls durch zwei Parameter, μ und σ, charakterisiert. Sie ist definiert als

$$P(x|\mu,\sigma) = \frac{1}{x\sqrt{2\pi}\sigma} e^{-\frac{(\ln x - \mu)^2}{2\sigma^2}} \quad x > 0 \tag{2.17}$$

Es gilt:

$$E[x] = e^{\mu + \frac{1}{2}\sigma^2}$$

$$V[x] = (e^{\sigma^2} - 1)(E[x])^2$$

Diese Verteilung hat besondere Bedeutung in vielen Prozessen, z. B. in der Biologie und Wirtschaft. Sie liegt unter anderem der Black-Scholes Formel [BS73] zur Modellierung der Preise (europäischer) Optionen am Finanzmarkt zugrunde.

Weibull-Verteilung
Die Wahrscheinlichkeitsdichte der kontinuierlichen Weibull-Verteilung [Wei39] ist definiert als:

$$P(x|\lambda,k) = \begin{cases} \frac{k}{\lambda}\left(\frac{x}{\lambda}\right)^{k-1} e^{-(x/\lambda)^k} & x \geq 0 \\ 0 & x < 0 \end{cases} \tag{2.18}$$

wobei $k > 0$ der Formparameter (auch Weibull-Modul genannt) und $\lambda > 0$ der Skalenparameter ist. Es gilt:

$$E[x] = \lambda \Gamma\left(1 + \frac{1}{k}\right)$$

$$V[x] = \lambda^2 \left[\Gamma\left(1 + \frac{2}{k}\right) - \left(\Gamma\left(1 + \frac{1}{k}\right)\right)^2\right]$$

$$Q_{0.5} = \lambda (\ln(2))^{1/k}$$

Die Weibull-Verteilung ist mit verschiedenen anderen Verteilungen verwandt, für $k = 1$ erhält man die Exponentialverteilung, für $k = 2$ die Rayleigh-Verteilung. Diese Verteilung entstammt ursprünglich aus den Materialwissenschaften und kann beispielsweise zur Beschreibung von Lebensdauern von Bauelementen oder Werkstoffen verwendet werden, beschreibt aber auch die Ausfallrate oder Lebensdauer allgemeiner Systeme. Der Formparameter k charakterisiert den Prozess:

2.2 Wahrscheinlichkeitsverteilung

- $k < 1$: Die Ausfallrate nimmt mit der Zeit ab, d. h. die meisten Komponenten fallen zu einem frühen Zeitpunkt aus.
- $k = 1$: In diesem Fall geht die Weibull-Verteilung in die Exponentialverteilung über. Die Ausfallrate ist dabei zeitlich konstant und durch den Zufall bestimmt.
- $k > 1$: Die Ausfallrate nimmt mit der Zeit zu, z. B. wenn ein Ermüdungsprozess das System beeinflusst.

Wie oben erwähnt, ist die Exponentialverteilung mit der Poisson-Verteilung assoziiert und beschreibt also das Auftreten zufällig verteilter Ereignisse. Da für $k = 1$ die Weibull-Verteilung in die Exponentialverteilung übergeht und sie so quasi als „generalisierte Exponentialverteilung" betrachtet werden kann, erlaubt eine darauf aufbauende Betrachtung von diskreten Ereignissen eine theoretisch fundiertere Analyse Poisson-artiger Prozesse, als beispielsweise *ad-hoc* eine Gamma-Poisson-Verteilung anzunehmen (siehe z. B. [MABF08]).

2.2.6 Beziehung zwischen einem Zählexperiment und der Zeit zwischen Ereignissen

Bei vielen Fragestellungen wird die Häufigkeit des Auftretens diskreter Ereignisse betrachtet. Beispiele hierfür sind die Anzahl der Blitze bei einem Gewitter, der Verkauf eines bestimmten Artikels, der Ausfall von technischen Anlagen, Werkstoffen oder Geräten, etc. Die gleichen Ereignisse lassen sich auch unter einem anderen Gesichtspunkt betrachten: Wieviel Zeit vergeht zwischen dem Eintreffen von zwei Ereignissen?

Beide Betrachtungsweisen sind miteinander verknüpft, da sie die gleichen Ereignisse beschreiben, wenn auch auf eine andere Art. Das bedeutet auch, dass die entsprechenden Wahrscheinlichkeitsverteilungen bei der jeweiligen Betrachtungsweise miteinander verknüpft sind: Die Zeit, die zwischen zwei Ereignissen vergeht, steht wie folgt mit der Verteilung der Anzahl der Ereignisse in Beziehung: Es sei Y_n die Zeit, die von Beginn einer Messung bis zum Auftreten des n-ten Ereignisses vergeht und $X(t)$ die Anzahl der Ereignisse, die bis zur Zeit t aufgetreten sind. Dann gilt für die Beziehung zwischen der Zeit, die zwischen den Ereignissen vergeht und der Anzahl:

$$Y_n \leq t \quad \Leftrightarrow \quad X(t) \geq n \qquad (2.19)$$

Oder: Die bis zum n-ten Ereignis vergangene Zeit ist kleiner oder gleich t dann und nur dann, wenn die Anzahl der eingetretenen Ereignisse größer oder gleich

n ist. Für die Verteilung der Anzahl, bezeichnet als $C_n(t)$, gilt dann:

$$C_n(t) = P(X(t) = n)$$
$$= P(X(t) \geq n) - P(X(t) \geq n+1)$$
$$= P(Y_n \leq t) - P(Y_{n+1} \leq t)$$

Sei $F_n(t)$ die kumulierte Wahrscheinlichkeitsverteilung (CDF) von $Y_n(t)$, dann lässt sich das schreiben als

$$C_n(t) = F_n(t) - F_{n+1}(t) \tag{2.20}$$

Für weitere Details siehe z. B. [MABF08, KS96].

Für die Beziehung zwischen Exponentialverteilung und Poisson-Verteilung kann man dies wie folgt sehen: Bei einem Poisson-Prozess treten Ereignisse mit einer mittleren Rate λ auf. Sei L die Zeit, die bis zu einem (ersten) Ereignis vergeht. Dann gilt für die Wahrscheinlichkeit, dass die Zeit bis zum Auftreten des Ereignisses länger als die Zeit t ist:

$$P(L > t) = P(\text{Kein Ereignis in Zeit} \, t) = \frac{(\lambda t)^0 e^{-\lambda t}}{0!} = e^{-\lambda t} \tag{2.21}$$

also

$$P(L \leq t) = 1 - e^{-\lambda t} \tag{2.22}$$

Dies ist die kumulative Wahrscheinlichkeitsverteilung, die zugehörige Dichte ergibt sich dann durch die Ableitung

$$f(x) = \lambda e^{-\lambda t} \quad \text{für} \quad t > 0, \tag{2.23}$$

also die Exponentialverteilung.

2.3 Korrelierte Variablen

Korrelationskoeffizient
Bei statistischen Testreihen trifft man häufig auf die Situation, dass zwei oder mehr Größen stark oder weniger stark miteinander zusammenhängen. Zunächst

2.3 Korrelierte Variablen

ist es hierbei sinnvoll, ein Maß für die Stärke dieses Zusammenhangs einzuführen, nämlich den Pearson-Korrelationskoeffizient r_{xy} zweier Zufallsvariablen x und y:

$$r_{xy} = \frac{\sigma_{xy}}{\sigma_x \sigma_y} \tag{2.24}$$

mit

$$\sigma_{xy} = \int\int (x-<x>)(y-<y>)f(x,y)dxdy \tag{2.25}$$

und

$$\sigma_x = \sqrt{\int\int (x-<x>)^2 f(x,y)dxdy} \tag{2.26}$$

$$\sigma_y = \sqrt{\int\int (y-<y>)^2 f(x,y)dxdy} \tag{2.27}$$

wobei $f(x,y)$ die zweidimensionale Wahrscheinlichkeitsdichtefunktion, σ_{xy} die Kovarianz und σ_x^2 bzw. σ_y^2 die Varianzen bezeichnen. Numerisch lassen sich Mittelwerte ($\langle x \rangle$ bzw. $\langle y \rangle$), Varianzen und Kovarianz wie folgt berechnen:

$$<x> = \frac{1}{\sum_i w_i} \sum_{i=1}^{n} w_i x_i \tag{2.28}$$

$$<y> = \frac{1}{\sum_i w_i} \sum_{i=1}^{n} w_i y_i \tag{2.29}$$

$$\sigma_x = \sqrt{\frac{1}{\sum_i w_i} \sum_i w_i (x-<x>)^2} \tag{2.30}$$

$$\sigma_y = \sqrt{\frac{1}{\sum_i w_i} \sum_i w_i (y-<y>)^2} \tag{2.31}$$

$$\sigma_{xy} = \frac{\sum_i w_i (x_i-<x>)(y_i-<y>)}{\sum_i w_i} \tag{2.32}$$

wobei w_i die Gewichte für einzelne Ereignisse i sind. Im Normalfall gilt $w_i = 1$, bei speziellen Fragestellungen kommen indes auch andere Werte in Frage.

Der Korrelationskoeffizient r_{xy} kann hierbei reelle Werte zwischen -1 und 1 annehmen. Ein Korrelationskoeffizient von 0 bzw. nahe bei 0 bedeutet, dass kein

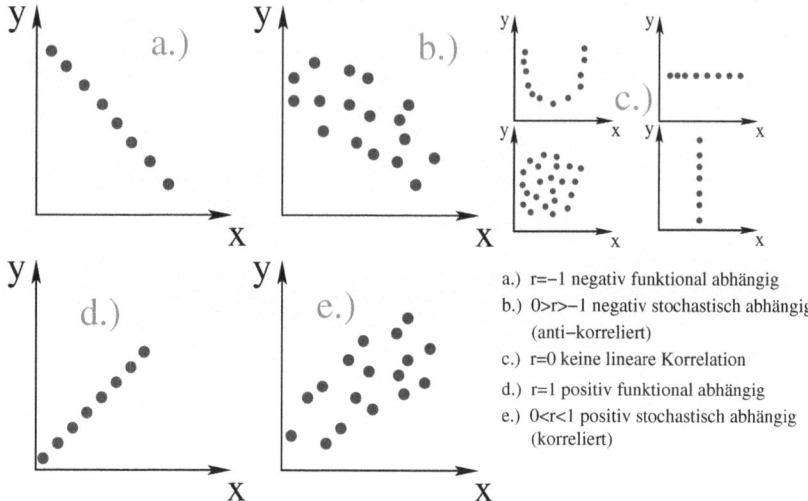

Abb. 2.2 Veranschaulichung verschiedener linearer Korrelationskoeffizienten

linearer statistischer Zusammenhang zwischen den Variablen x und y besteht. Allerdings können komplizierte, nichtlineare Zusammenhänge ebenfalls zu einem verschwindenden Korrelationskoeffizienten führen. Ein Wert von 1 bzw. -1 bedeutet, dass es einen eindeutigen linearen Zusammenhang zwischen x und y gibt. Bei negativen Werten von r_{xy} bezeichnet man die Zufallsvariablen x und y als anti-korreliert. Der Korrelationskoeffizient misst nur die Ausprägung des Zusammenhangs, jedoch nicht seine Natur oder gar kausale Richtung. Abbildung 2.2 veranschaulicht typische Korrelationen zwischen zwei stochastischen Variablen x und y.

Es gibt prinzipiell 5 verschiedene Ursachen, die zu einem Zusammenhang (nicht verschwindender Korrelationskoeffizient) zwischen x und y führen:

- x ist Ursache (oder Teil der Ursache) von y (kausaler Zusammenhang)
- y ist Ursache (oder Teil der Ursache) von x (umgekehrte Kausalität)
- x und y sind kausal unabhängig voneinander, aber hängen kausal von einer dritten Größe z ab (z. B. von der Zeit)
- Korrelation ist Folge eines systematischen Fehlers
- Korrelation ist Folge einer statistischen Fluktuation (zufälliger Zusammenhang)

In vielen Beispielen aus der realen Welt trifft man auf Mischformen dieser Kategorien. Welche der genannten Möglichkeiten in speziellen Fällen zutrifft oder zumindest vernünftig erscheint, kann nicht durch statistische Methoden entschieden werden. Man kann jedoch aufgrund einer Annahme versuchen, einen statistischen Zusammenhang zu beschreiben bzw. mathematisch zu modellieren. Insbesondere ist immer zu beachten, dass eine Korrelation zwischen zwei Größen noch keinen kausalen Zusammenhang voraussetzt oder beweist.

Rangkorrelation
Im Unterschied zum im Abschn. 2.3 vorgestellten Pearson-Korrelationskoeffizient betrachtet der Rangkorrelationskoeffizient (auch: Spearman-Korrelationskoeffizient) nicht die numerischen Werte der Variablen selbst, sondern ordnet jedem Wert einen Rang relativ zu allen anderen Werten zu. Dadurch gehen Informationen verloren, dafür ist dieses Maß robuster gegen Ausreißer.

Bei N Meßwerten x_i wird der konkrete Wert x_j durch den Rang relativ zu allen anderen Werten von x ersetzt, also durch $1, 2, 3, \ldots, N$. Falls alle Zahlen x_i unterschiedlich sind, kommt jede Zahl genau einmal vor. Für den Fall, dass manche x_i identisch sind, wird ihnen der Mittelwert der Ränge zugewiesen, die sie erhalten hätten, wären sie leicht unterschiedlich. Die gleiche Prozedur wird für alle Werte der zweiten Variable y_i wiederholt.

Die Rangkorrelation wird dann analog zu den Formeln in Abschn. 2.3 berechnet, wobei hier der Wert der Variable durch den Rang ersetzt wird.

2.4 Bayessche Statistik

Bayessches Theorem
Das Bayessche Theorem geht auf Rev. Thomas Bayes (1701–1761) zurück und erlaubt es, Aussagen über den wahren Wert einer fehlerbehafteten Größe zu machen. In der klassischen Statistik werden dagegen nur Aussagen über obere und untere Grenzen mit einer gewissen Irrtumswahrscheinlichkeit gemacht. Um in der Bayesschen Statistik eine Aussage über den wahren Wert einer Variable zu machen, muss diese mit einer Wahrscheinlichkeitsdichte verknüpft sein. Das Bayessche Theorem lautet:

$$P(H|D) = \frac{P(D|H)P(H)}{P(D)} \qquad (2.33)$$

wobei D für die Daten, bzw. die beobachtete Aussage, steht und H für die zu testende Hypothese. Die einzelnen Größen sind:

- $P(H)$: Die *Prior-* Verteilung beschreibt das *a priori-* Wissen, bevor die Daten analysiert werden. In der Praxis können hierfür oft historische Daten vergangener Ereignisse verwendet werden, wenn davon auszugehen ist, dass sich die durch die Daten beschriebenen Zusammenhänge nicht grundlegend geändert haben. Selbst in diesem Fall können historische Daten als Grundlage für den Prior verwendet werden, wenn die Veränderungen in den Zusammenhängen bekannt und modellierbar sind. Auf die Behandlung des Priors wird im weiteren Verlauf noch detailliert eingegangen.
- $P(D|H)$ ist die *Likelihood*-Funktion und wird aus den Daten bestimmt. Sie gibt die bedingte Wahrscheinlichkeit an, bei gegebener Hypothese die Daten zu beobachten.
- $P(D)$ wird *Evidenz* genannt und beschreibt die Wahrscheinlichkeitsdichte der Daten. Sie liegt für einen gegebenen Datensatz fest und bleibt daher während der Anpassung konstant. Sie kann in die Normierung mit einbezogen werden oder weggelassen werden.
- $P(H|D)$ ist die *a posteriori* Wahrscheinlichkeit für die Hypothese, gegeben das Vorwissen aus dem Prior und die Beobachtung der Daten D.

Das Bayessche Theorem verknüpft also zwei bedingte Wahrscheinlichkeiten $P(D|H)$ und $P(H|D)$. Ein weit verbreiteter Fehler ist es, $P(D|H) = P(H|D)$ anzunehmen, was im allgemeinen nicht richtig ist.

Ein wichtiger Baustein der Bayesschen Statistik ist die Annahme eines Priors, denn das Ergebnis, die *a posteriori-* Wahrscheinlichkeit, hängt von der Wahl des Priors ab. In einigen Fällen ist die Verteilung des Priors wohlbekannt, in anderen Fällen müssen Annahmen über den Prior gemacht werden. Ist nichts oder wenig über die Verteilung der wahren Größe bekannt, sollte ein nicht-informativer Prior gewählt werden.

Beispiel: Aids-Test: Gesucht sei die Posterior-Wahrscheinlichkeit, dass ein Proband Aids hat, wenn ein entsprechender Test positiv ausgefallen ist. Es ist also die Größe $P(H|D)$ zu berechnen. Die benötigten Informationen sind:

- H: Proband hat Aids
- D: Der Test ist positiv.

2.4 Bayessche Statistik

- Prior: Bei einem Probanden wird verdachtsunabhängig ein Test durchgeführt. Der Proband sei nicht in einer Risikogruppe. Die Erhebung des Robert Koch Instituts[1] zeigt, dass ca. 9600 Menschen in Deutschland auf diese Weise betroffen sind, bei ca. 80,5 Mio. Einwohnern ergibt sich ein Prior von $P(A) = 0,0001$.
- $P(B|H) = 0.999$: Der Test ist 99.9 % zuverlässig, d. h. wenn der Proband Aids hat, schlägt der Test zu 99.9 % an.
- $P(\bar{D}|\bar{H}) = 0.995 \rightarrow P(D|\bar{H}) = 0.005$. Der Test schlägt in 0.5 % der Fälle an, obwohl der Proband kein Aids hat.

Damit ergibt sich:

$$P(H|D) = \frac{P(D|H)P(H)}{P(D|H)P(H) + (D|\bar{H})P(\bar{H})}$$
$$= \frac{0.999 * 0.0001}{0,999 * 0,0001 + 0,005 * 0,999}$$
$$= 0,02$$

Das heißt, in nur 2 % der Fälle hat der Proband, der keiner Risikogruppe entstammt, bei positivem Ergebnis auch tatsächlich Aids. In diesem Beispiel wird auch deutlich, dass der Prior unter Umständen einen großen Einfluss auf das Ergebnis haben kann.

Der Einfluss des Priors wird besonders deutlich, wenn man keine Aufspaltung nach Risikogruppen vornimmt, sondern die Gesamtzahl der an Aids erkrankten Menschen in Bezug zur Bevölkerung setzt. In diesem Fall ist zu berücksichtigen, dass ca. 78.000 Menschen in Deutschland betroffen sind. Entsprechend ergibt sich ein Prior von $P(H) = 0,001$, also ein Faktor 10 mehr als im vorigen Beispiel. Beide Betrachtungsweisen sind jeweils richtig und hängen davon ab, wieviel Vorwissen vorhanden ist und in der Betrachtung berücksichtigt werden kann. Eine ausführliche Diskussion ist z. B. auch in [Sch11] zu finden.

Nicht-informativer Prior

Ein nicht-informativer oder auch minimal informativer Prior ist eine Priorverteilung, die keine weitere Annahme macht, bzw. zum Ziel hat, den Einfluss der Priorverteilung zu minimieren. Im Folgenden wird dieses Thema kurz umrissen, für eine detaillierte Betrachtung aber auf die Literatur verwiesen, siehe z.B [Hel08, ZL04].

---

[1] Epidemiologische Kurzinformation des Robert Koch-Instituts, HIV/AIDS in Deutschland – Eckdaten der Schätzung, Stand Ende 2012.

Ein weit verbreiteter Fehler ist es, für den Prior eine (flache) Gleichverteilung anzunehmen. Dem liegt die Annahme zugrunde, dass wenn man nichts über die Verteilung von Zahlen weiß, dass sie dann einer Gleichverteilung folgen. Obwohl die Gleichverteilung ein nicht-informativer Prior sein *kann*, ist dies im allgemeinen nicht richtig, wie später in Abschn. 2.5 diskutiert wird: Die Verteilung von skalenbehafteten Zahlen folgt dem Benfordschen Zahlengesetz: $f(x) \propto \log(x)$. Dies kann auch anhand des folgenden Beispiels veranschaulicht werden: Die Variable x folge einer Binomialverteilung und es soll ein Prior für den Parameter p gefunden werden, wobei $p \in [0, 1]$. Ein flacher Prior ist gegeben durch $\pi(p) = 1$. In der Anwendung könnte es günstig sein, p zu transformieren, z. B. $p \to p' = \log\left(\frac{p}{1-p}\right)$ um den ganzen reellen Zahlenraum auszunutzen. Wird diese Transformation nun auf den Prior angewendet, so ist dieser nicht mehr flach und so wird ein als ursprünglich nicht-informativer Prior durch eine Variablentransformation zu einem informationsbehafteten Prior.

Eine Möglichkeit, einen nicht-informativen Prior zu erhalten, ist durch Jeffreys Regel [Jef56] gegeben:

$$\pi_J(\theta) \propto \sqrt{\mathcal{I}(\theta)} \tag{2.34}$$

wobei $\mathcal{I}$ die *Fischer-Information* ist. Dieser Regel liegt das Invarianzprinzip zugrunde, d. h. dass ein Wechsel der Parametrisierung sich nicht auf den Einfluss des Priors auswirken darf.

2.5 Benfordsches Gesetz

Das Gesetz wurde 1881 von S. Newcomb entdeckt [New81], als er bemerkt hatte, dass in Logarithmentafeln die Seiten mit Tabellen mit 1 deutlich abgenutzter waren als andere Seiten. Die Abhandlung geriet in Vergessenheit und wurde 1938 von F. Benford neu entdeckt [Ben39]. Das Gesetz besagt, dass an der signifikantesten Stelle von Zahlen niedrige Ziffern häufiger auftreten als solche mit hohen Werten. Bei Dezimalzahlen gilt für die Wahrscheinlichkeit des Auftretens der Ziffer d

$$p(d) = \log_{10}\left(1 + \frac{1}{d}\right) \tag{2.35}$$

Die Ziffer 1 tritt also in ca. 30 % der Fälle auf, die Ziffer 9 nur in ca. 5 %. Das bedeutet, dass das Auftreten der Ziffern *nicht* gleichverteilt ist. Das Benfordsche

2.6 Fehlerbehaftete Größen

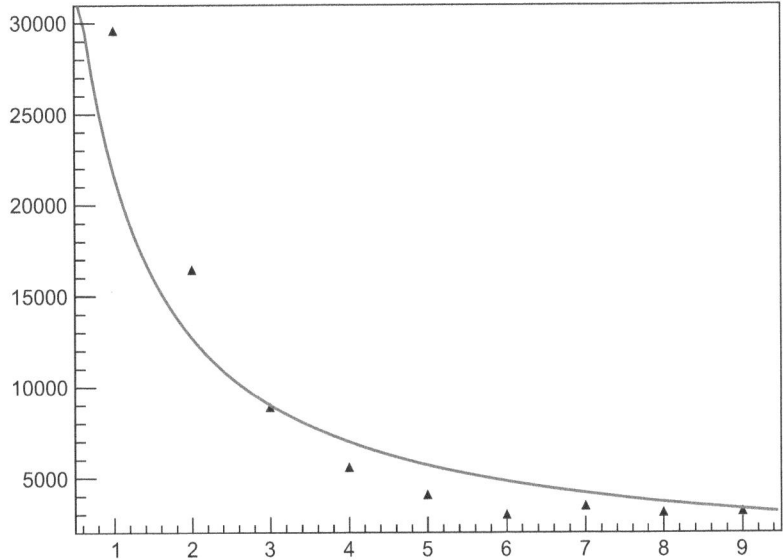

Abb. 2.3 Verteilung der ersten Ziffer der Preise bei einem großen deutschen Versandhandelsunternehmen. Die durchgezogene Linie repräsentiert eine Anpassung des Benfordschen Gesetzes an die Daten

Gesetz gilt für Skalenvariablen, deren nicht-informativer Prior $P(x) \propto \frac{1}{x}$ ist, also $f(\log(x)) = $ const.

Besonders gut gilt das Gesetz, wenn die Zahlen aus einem mehrere Größenordnungen überschreitenden Wertebereich stammen. Aber selbst, wenn das nicht so ist, wie z. B. bei den Preisen im Katalog eines großen deutschen Versandhandelsunternehmens, ist es eine recht gute Näherung, wie Abb. 2.3 illustriert.

2.6 Fehlerbehaftete Größen

Alle Prozesse in der Natur und in unserem täglichen Leben sind durch statistische Fluktuationen beeinflusst. Selbst bei einfachsten Systemen, wie z. B. dem Pendel einer Uhr ist dies beobachtbar: Obwohl der Pendelausschlag regelmäßig ist und die Bewegung des Pendels als solches vollständig berechenbar ist, sind in der Realität Abweichungen zu beobachten (z. B. aufgrund von Luftreibung, Dehnung des Materials bei wechselnden Temperaturen, etc.), die dazu führen, dass die Uhr im Laufe der Zeit falsch geht. Entsprechend gilt dies auch für alle anderen Prozesse in unserem täglichen Leben, die von einer Vielzahl von Störursachen beeinflusst werden. Diese lassen sich in aller Regel nicht auf eine geringe Anzahl von Faktoren reduzieren, sondern ist letztlich Konsequenz einer Folge mehr oder minder zufälliger Einflüsse. Wird also der numerische Wert eines bestimmten Prozesses beobachtet, so wird dieser Wert im Rahmen der Einflussfaktoren leicht schwanken, auch wenn der gleiche Prozess unter gleichen Bedingungen beobachtet wird. Diese Art der Schwankung wird als *statistischer* Fehler bezeichnet und ist prinzipiell nicht vermeidbar, lässt sich aber abschätzen und reduzieren, in dem eine große Anzahl von Beobachtungen durchgeführt wird und aus dieser Menge von beobachteten Werten auf den „wahren" Wert zurückgeschlossen wird. Dieser Wert wird dann zusammen mit dem verbleibenden statistischen Fehler angegeben, der ausdrückt, mit welcher Genauigkeit der wahre Wert des zu analysierenden Prozesses aus den Beobachtungen extrahiert werden konnte.

Darüber hinaus gibt es noch eine weitere Klasse von Fehlern. Diese werden als *systematische Fehler* bezeichnet und rühren z. B. aus der Verwendung falscher oder angenäherter Formeln, Fehler bei der Beobachtung oder der Messapparatur oder ähnlichen Effekten her. Diese müssen gesondert von den statistischen Fehlern betrachtet werden und lassen sich auch nicht durch Mittelung über viele verschiedene Beobachtungen reduzieren und begrenzen daher bei sehr kleinen statistischen Fehlern die Genauigkeit, mit der der wahre Wert einer Größe aus der Menge der vorhandenen Beobachtungen extrahiert werden kann.

Fehlerfortpflanzung

In verschiedenen Fragestellungen kann es vorkommen, das die Größe, die letztlich betrachtet werden soll, nicht direkt beobachtbar ist, bzw. aus anderen beobachteten Werten abgeleitet werden kann. In diesem Fall kann die Anzahl der beobachteten Parameter x in neue Variablen y überführt oder transformiert werden:

$$y_i = y_i(x_1, x_2, \ldots, x_n) = y_i(x) \tag{2.36}$$

Wenn die Zahl der x- und y- Variablen gleich ist, so kann die entsprechende Wahrscheinlichkeitsverteilung $f(y)$ zumindest im Prinzip aus der Wahrscheinlichkeitsverteilung $f(x)$ abgeleitet werden:

$$f(y) = f(x) \cdot J\left(\frac{x}{y}\right) \tag{2.37}$$

2.6 Fehlerbehaftete Größen

wobei $J(x/y)$ die Jakobideterminante ist:

$$J\left(\frac{x}{y}\right) = \begin{vmatrix} \partial x_1 \partial x_2 \ldots \partial x_n \\ \partial y_1 \partial y_2 \ldots \partial y_n \end{vmatrix} \quad (2.38)$$

Im allgemeinen Fall, wenn die Anzahl der x-Variablen n ungleich der Anzahl der Variablen m der y-Variablen ist, wird folgende Matrix verwendet:

$$B = \begin{pmatrix} \partial y_1/\partial x_1 & \partial y_1/\partial x_2 & \ldots & \partial y_1/\partial x_n \\ \partial y_2/\partial x_1 & \partial y_2/\partial x_2 & \ldots & \partial y_2/\partial x_n \\ \ldots \\ \partial y_m/\partial x_1 & \partial y_m/\partial x_2 & \ldots & \partial y_m/\partial x_n \end{pmatrix} \quad (2.39)$$

Daraus ergibt sich das *allgemeine Gesetz zur Fehlerfortpflanzung*

$$V[y] = BV[x]B^T \quad (2.40)$$

wobei $V[x]$ und $V[y]$ die zu den Variablen x und y zugehörigen Kovarianzmatrizen sind.
Im Folgenden werden einige einfache Spezialfälle betrachtet:

- *Summe oder Differenz unkorrelierter Variablen:* Dieses Beispiel gilt für den Fall, dass die neue Variable gegeben ist durch $y = x_1 \pm x_2$. Dann gilt:

$$V[y] = \left(\frac{\partial y}{\partial x_1}\right)^2 \sigma_{x_1}^2 + \left(\frac{\partial y}{\partial x_2}\right)^2 \sigma_{x_2}^2 = \sigma_{x_1}^2 + \sigma_{x_2}^2$$

  Als Merkregel gilt: Absolute Fehler werden quadratisch addiert.
- *Summe oder Differenz korrelierter Variablen:* In diesem Fall muss die Korrelation der Variablen berücksichtigt werden und es gilt:

$$V[y] = \sigma_{x_1}^2 + \sigma_{x_2}^2 + 2cov(x_1, x_2)$$

- *Produkt zweier Variablen:* Für den Fall, dass die neue Variable y gegeben ist durch: $y = x_1 \cdot x_2$, gilt:

$$\left(\frac{\sigma_y}{y}\right)^2 = \left(\frac{\sigma_{x_1}}{x_1}\right)^2 + \left(\frac{\sigma_{x_2}}{x_2}\right)^2 + 2\frac{\sigma_{x_1}\sigma_{x_2}}{x_1 x_2}\rho_{x_1,x_2}$$

  wobei ρ_{x_1,x_2} der Korrelationskoeffizient zwischen den Variablen x_1 und x_2 ist.
  Als Merkregel gilt: Relative Fehler werden quadratisch addiert.

- *Quotient zweier Variablen:* Für den Fall, dass die neue Variable y gegeben ist durch: $y = \frac{x_1}{x_2}$, gilt eine ähnliche Beziehung:

$$\left(\frac{\sigma_y}{y}\right)^2 = \left(\frac{\sigma_{x_1}}{x_1}\right)^2 + \left(\frac{\sigma_{x_2}}{x_2}\right)^2 - 2\frac{\sigma_{x_1}\sigma_{x_2}}{x_1 x_2}\rho_{x_1,x_2}$$

wobei ρ_{x_1,x_2} wieder der Korrelationskoeffizient zwischen den Variablen x_1 und x_2 ist. Im Vergleich zum Produkt ändert sich also das Vorzeichen des letzten Terms.

2.6.1 Fehler 1. und 2. Art

In vielen Fragestellungen müssen Ereignisse Kategorien zugeordnet werden; dies wird als Klassifikation bezeichnet, im Gegensatz zur Regression, bei der kontinuierliche Werte ermittelt werden. Es ist zu beachten, dass keine Klassifikationsmethode, die eine solche Einordnung vornimmt, in realistischen Szenarien ein Ergebnis liefern kann, das in allen Fällen zu 100 % richtig ist. Das bedeutet, dass eine gewisse Menge von Ereignissen der falschen Kategorie zugeordnet wird – je besser das Klassifikationsverfahren ist, desto geringer ist die Anzahl dieser Fehler. Es werden in diesem Zusammenhang zwei Fälle unterschieden:

- *Fehler erster Art:* Das Ereignis gehört in Wahrheit zu Kategorie A (Signal), wird aber durch das Verfahren verworfen und Kategorie B (Untergrund) zugeordnet.
- *Fehler zweiter Art:* Das Ereignis gehört in Wahrheit zu Kategorie B (Untergrund), wird aber vom Klassifikationsverfahren fälschlicherweise Kategorie A (Signal) zugeordnet.

Erstellen von Prognosen 3

3.1 Theoretische Grundlagen

Die am Ende von Abschn. 1.2 aufgeführten zentralen Punkte seien hier noch einmal zusammengefasst:

- Alle Prozesse in unserem Universum (mit Ausnahme trivialer Systeme wie wie einem einfachen Pendel, etc.) werden durch statistische Prozesse bestimmt. Dies gilt für eine wissenschaftliche Messung genauso wie für Absatzzahlen von Artikeln im Einzel- und Distanzhandel, Schadensgrößen bei Versicherungen oder allen anderen Arten von zu prognostizierenden Größen.
- Aufgrund der statistischen Natur der Prozesse können die Parameter, die diese (Natur-) Gesetze beschreiben, sehr genau bestimmt werden, jede einzelne Vorhersage für ein einzelnes Ereignis ist jedoch statistischen Schwankungen unterworfen.
- Da jede einzelne Realisierung eines Ereignisses mit einer gewissen Wahrscheinlichkeit eintreten kann, muss ein gutes Prognoseverfahren für jedes einzelne zu prognostizierende Ereignis eine ganze Wahrscheinlichkeitsverteilung vorhersagen. Aus dieser Verteilung können dann ein geeigneter Punktschätzer als Prognosewert sowie eine Abschätzung der Unsicherheit auf den Prognosewert extrahiert werden.
- Die Wahl des Punktschätzers ist nicht frei, sondern ergibt sich aus den konkreten wirtschaftlichen Gegebenheiten, die durch eine an die spezielle Fragestellung angepasste Kostenfunktion abgebildet werden. In diesem Sinne sind

Kostenfunktion und Prognosegütemaß identisch, d. h. die Prognose selbst ist mit dem Prognosegütemaß mathematisch verknüpft und beide müssen daher auch gemeinsam betrachtet werden.

Im Folgenden werden daher die theoretischen Grundlagen der Erstellung und Bewertung von Prognosen ausgeführt und im Anschluss wird anhand konkreter Beispiele dargestellt, wie diese in der Praxis verwendet werden. Es ist also wichtig, sich zunächst auf das eigentliche Ziel der Bewertung von Vorhersagen zu konzentrieren: Eine quantitative Aussage zu treffen, wie gut eine Prognose die wirtschaftlichen Gegebenheiten abbilden und in die Zukunft fortschreiben kann. Stehen mehrere Ansätze zur Verfügung, muss die Bewertung der Prognose erlauben, die am besten zum Geschäftsmodell passende Vorhersage auszuwählen.

Bei der Berechnung des Gütemaßes zur Bewertung von Prognosen ist darauf zu achten, dass ein ausreichend großes Ensemble herangezogen wird, um eine statistisch signifikante Aussage zu machen. Da die einzelnen Ereignisse aufgrund der statistischen Naturgesetze Schwankungen unterliegen, ist es im Allgemeinen nicht möglich, aus der Betrachtung dieser Einzelereignisse die Güte der Prognose insgesamt zu beurteilen, sondern es muss immer ein hinreichend großes Ensemble betrachtet werden. Eine Ausnahme hierzu können Einzelfälle sein, bei denen systematische Fehler im Modell enthalten sind, die sich anhand eines bestimmten Verhaltens einzelner Einheiten in bestimmten Situationen zeigen.

Dies sei an folgendem *Beispiel* aus dem Einzelhandel illustriert: Für einen gegebenen Einkaufstag (z. B. ein Samstag) wird eine gegebene Menge Kunden einen bestimmten Artikel kaufen, so dass insgesamt z. B. 100 Stück verkauft werden. In einem Gedankenexperiment wird jetzt die Zeit zurückgedreht, so dass wieder genau der gleiche Einkaufstag mit genau den gleichen Personen, die vorhaben, genau diesen Artikel zu kaufen, betrachtet wird. Durch äußere Umstände kann sich die tatsächliche Anzahl verkaufter Artikel ändern, z. B. könnte ein Kunde einfach vergessen, den Artikel zu kaufen, obwohl er oder sie ihn benötigt, der Kunde könnte in einem Stau stehen und es so nicht zum Markt schaffen oder auch „sicherheitshalber" zwei statt einem Artikel kaufen. Diese und eine Vielzahl weiterer Unwägbarkeiten führen dazu, dass statt der 100 Artikel, wie sie am Anfang des Beispiels angenommen wurden, bei manchen dieser Gedankenexperimente nur 98 oder 90 oder auch 105 Artikel verkauft werden. Das heisst, dass der Verkauf dieses Artikels an diesem Tag durch eine Wahrscheinlichkeitsverteilung mit bestimmten charakteristischen Eigenschaften wie dem mittleren erwarteten Verkauf und der erwarteten Schwankungsbreite beschrieben wird. Dieses Beispiel veranschaulicht auch, dass der Verkauf des Artikels durch zufällige Ereignisse beeinflusst wird, deren Effekt durch die Schwankungsbreite, oder Fehler auf

3.1 Theoretische Grundlagen

den erwarteten Verkauf, beschrieben wird. Um zu bewerten, ob eine Prognose das wahre Ereignis gut vorhersagt, muss man also ein ausreichend großes Ensemble betrachten. Im obigen Beispiel könnte man sich die Prognose für viele Samstage anschauen und vergleichen, ob die Prognose, zusammen mit der vom Prognoseverfahren vorhergesagten Unsicherheit, mit der Verteilung der wahren Ereignisse, einschließlich ihrer Schwankungen, verträglich ist. Alternativ könnte man sich auch diesen einen Einkaufstag ansehen und Prognosen und eingetretene Ereignisse über viele Artikel hinweg ansehen.

In Kürze
- Die Bewertung von Prognosen muss auf das zu optimierende Ziel abgestimmt sein.
- Bei der Bewertung von Prognosen ist darauf zu achten, dass ein hinreichend großes Ensemble herangezogen wird, um eine qualifizierte statistische Aussage treffen zu können.

3.1.1 Prognose als Wahrscheinlichkeitsverteilung

Wie das obige Gedankenexperiment illustriert, ist die konkrete Realisierung eines Ereignisses (also z. B. der Verkauf eines bestimmten Artikels an einem bestimmten Tag oder auch die tatsächliche Schadenshöhe in einem Versicherungsfall) statistischen Schwankungen unterworfen. Wäre es möglich, die „Uhr" zurückzudrehen, würden also die tatsächlichen Ereignisse entsprechend schwanken, d. h. sie folgen einer Wahrscheinlichkeitsverteilung mit bestimmten Parametern. Gute Prognoseverfahren liefern nicht nur einen Wert für den Punktschätzer („die Prognose"), sondern bilden die gesamte Wahrscheinlichkeitsverteilung für die möglichen tatsächlichen Ereignisse ab.

Dies bedeutet insbesondere, dass sich aus der Breite der prognostizierten Wahrscheinlichkeitsverteilung ein Maß für die Schwankungsbreite extrahieren lässt. Dieses gibt an, in welchem Bereich eine Streuung der Punktschätzer zu erwarten ist. Bei korrekter statistischer Behandlung ist zu erwarten, dass ein gewisser Prozentsatz der Prognosen über das Fehlermaß hinaus streuen werden. Der genaue Anteil hängt von der Wahrscheinlichkeitsverteilung ab, die die konkrete Fragestellung beschreibt. Im idealisierten Fall einer Gaußverteilung ist zu erwarten, dass 32 % aller Prognosen außerhalb des $\pm 1\sigma$- Intervalls liegen, das typischerweise als Schwankungsbreite angegeben wird. Dies bedeutet insbesondere auch, dass die Prognosen nur richtig sind, wenn in 32 % aller Fälle die tatsächliche Realisierung des prognostizierten Ereignisses außerhalb des als Schwankungsbreite angegebenen Bereichs befinden. In der Realität sind die Wahrscheinlichkeitsverteilungen oft sehr asymmetrisch und spezifisch für die konkrete Fragestellung, so dass eine statistische Auswertung mit großer Sorgfalt durchgeführt werden muss.

In klassischen Prognoseverfahren wird oft nur der Erwartungs- oder Mittelwert als Punktschätzer und die Varianz oder Standardabweichung als Fehlermaß verwendet. Dies lässt sich dadurch begründen, dass jede Wahrscheinlichkeitsverteilung durch eine unendliche Reihe von zentralen Momenten (siehe Abschn. 2.2.2) beschrieben werden kann. Das erste zentrale Moment (der Erwartungswert) ist ein Maß für die Lokalisierung der Wahrscheinlichkeitsverteilung, das zweite zentrale Moment (die Varianz) ein Maß für die Breite. In vielen Prognoseverfahren werden keine weiteren Momente berechnet und die Prognose nur aufgrund dieser beiden Momente erstellt. Dieser Ansatz berücksichtigt jedoch nicht, dass in der Realität viele Wahrscheinlichkeitsverteilungen asymmetrisch sind, was sich durch nur zwei Parameter sehr unzureichend abbilden lässt. Es ist daher immer anzuraten, ein Prognoseverfahren zu wählen, welches für jede Prognose eine ganze Wahrscheinlichkeitsverteilung berechnet, aus der dann die für die konkrete Fragestellung am besten geeignete Prognose extrahiert werden kann. Abbildung 3.1 zeigt ein Beispiel, wie eine solche Wahrscheinlichkeitsverteilung aussehen könnte. Bereits auf den ersten Blick fällt auf, dass eine für ein individuelles Ereignis erstellte Prognose zu einer sehr asymmetrischen Wahrscheinlichkeitsverteilung führen kann, d. h. die Wahrscheinlichkeitsverteilung ist nicht symmetrisch um z. B. den Mittelwert zentriert, sondern hat beispielsweise auf einer Seite sehr lange Ausläufer, die (seltene) Extremfälle enthalten. Darüber hinaus gibt es oft Begrenzungen der Wahrscheinlichkeitsverteilung (z. B. kann ein Schadensfall nie weniger als 0 Euro betragen), die ebenfalls zu einer Asymmetrie beitragen. Da in den meisten Fällen die gesamte Information aus der Wahrscheinlichkeitsverteilung in der konkreten Anwendung nicht verwendet werden kann, ist ein geeigneter Punktschätzer aus der Verteilung zu extrahieren. Wie im Weiteren ausgeführt, ergibt sich der Punktschätzer aus der anzuwendenden Kostenfunktion und kann somit *nicht* beliebig gewählt werden. Darüber hinaus veranschaulicht Abb. 3.1, dass jede Prognose für ein einzelnes Ereignis mit einer statistischen Unsicherheit behaftet ist. Diese Unsicherheit lässt sich aus der Breite der Wahrscheinlichkeitsverteilung abschätzen. Die Abbildung macht darüber hinaus deutlich, dass aufgrund der vorhergesagten Wahrscheinlichkeitsverteilung auch extreme Ereignisse auftreten können, wenn auch sehr selten. In diesem Beispiel sind die meisten Ereignisse bis ca. 5 realisiert. In seltenen Fällen

3.1 Theoretische Grundlagen

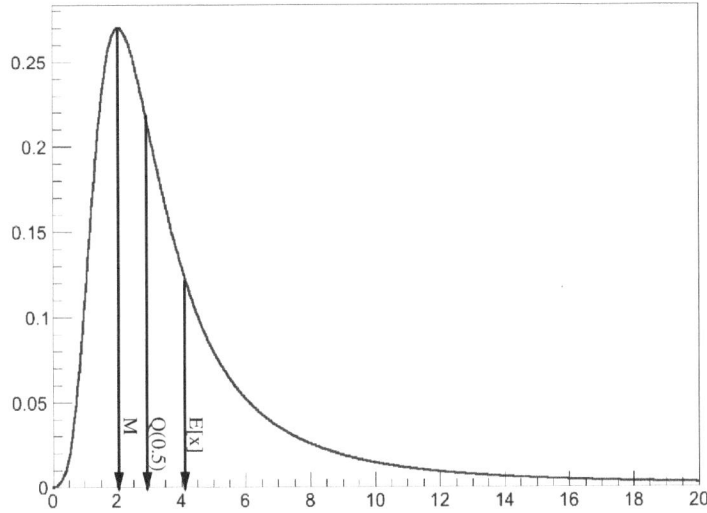

Abb. 3.1 Beispiel für eine Wahrscheinlichkeitsverteilung als Ausgabe eines Prognoseverfahrens. Hervorgehoben sind verschiedene Charakteristika wie der Modus (M), der Median ($Q_{0.5}$) und der Erwartungswert $E[x]$

können jedoch auch Ereignisse bis ca. 20 auftreten. Dies bedeutet auch, dass in den meisten Fällen der Punktschätzer, der aus der Wahrscheinlichkeitsverteilung für die Weiterverarbeitung der Prognosen abgeleitet wird, die (teilweise extremen) Randbereiche der wahren Ereignisse nicht wird treffen können. Dies liegt daran, dass in den meisten Fällen die Kostenfunktion, aus der der optimale Punktschatzer für die Prognose bestimmt wird, die Gesamtkosten minimiert, in der diese sehr seltenen Ereignisse eine untergeordnete Rolle spielen. In einigen Anwendungen können diese Ereignisse jedoch eine wichtige Rolle spielen und müssen so entsprechend in der Kostenfunktion berücksichtigt werden.

In Kürze
- Gute Prognoseverfahren sagen für jedes zu prognostizierende Ereignis eine komplette Wahrscheinlichkeitsverteilung voraus.

- Der Zahlenwert, mit dem dann in der betrieblichen Praxis weitergearbeitet wird, ist ein *Punktschätzer* aus dieser Wahrscheinlichkeitsverteilung.
- Jede Prognose ist mit einer statistischen Unsicherheit behaftet, die sich aus der Breite der vorhergesagten Wahrscheinlichkeitsverteilung ergibt.

3.1.2 Kostenfunktion und Prognosegütemaß

Um die wirtschaftlichen Gegebenheiten im Unternehmen optimal in einer Prognose zu berücksichtigen, ist die beste Wahl des Prognosegütemaßes die Kostenfunktion, die die tatsächlichen Kostenstruktur im Unternehmen akkurat widerspiegelt. Sie ist daher individuell an den konkreten Einzelfall anzupassen und von Unternehmen zu Unternehmen und auch von Einsatzgebiet zu Einsatzgebiet innerhalb eines Unternehmens unterschiedlich. Dieses ist meist schwierig umzusetzen, wie der Verweis auf den Einzelhandel illustriert: Meist lassen sich die genauen Kosten, die sich sowohl aus Unterschätzung, sowie aus der Überschätzung eines einzelnen Artikels ergeben, nicht genau ermitteln. Darüber hinaus müssen noch viele Faktoren, wie z. B. Kosten aus Lagerhaltung, Transport, Abschriften bei verderblicher Ware, sowie Werbung und „verdeckte" Kosten aus Verwaltung, etc. mit berücksichtigt werden. In anderen Fällen, z. B. Optimierung von Versicherungstarifen, etc. treten ähnliche Schwierigkeiten auf. In der Praxis wird daher oft ein vereinfachtes Gütemaß verwendet, das sich einfacher evaluieren läßt. Es ist dabei zu berücksichtigen, dass die Verwendung eines solchen vereinfachten Gütemaßes auch bedeutet, dass die Komplexität der ursprünglichen Fragestellung nicht mehr vollständig abgebildet werden kann. Daher werden im Folgenden mehrere Gütemaße vorgestellt und gezeigt, wie diese mit dem optimalen Punktschätzer als Prognose zusammenhängen. Obwohl diese vereinfachten Ansätze die grundlegenden Zusammenhänge im Unternehmen nicht widerspiegeln können (und somit auch die Prognose nicht optimal für den konkreten Einzelfall sein kann), erlauben sie eine quantitative Bewertung der Vorhersage. Bei der Berechnung von einem Gütemaß ist zu beachten, dass Prognose und wahrer Wert aufgrund der statistischen Natur selbst bei „perfekter" Prognose nie identisch sein können. Daher kann kein Gütemaß den Wert *Null*[1] annehmen, d. h. für jedes einzelnes Ereignis eine exakte Übereinstimmung zwischen Prognose und eingetretenem Ereignis erreichen.

---

[1] Bzw. der Wert, der der exakten Übereinstimmung zwischen Prognose und Ereignis entspricht.

In Kürze

- Im Idealfall spiegelt die Kosten- oder Gütefunktion, nach der die Prognose bewertet wird, die tatsächlichen Kosten wider.
- Der optimale Punktschätzer, der sich aus der prognostizierten Wahrscheinlichkeitsverteilung ergibt, kann aus der Kostenfunktion mathematisch bestimmt werden.

3.2 Die „perfekte" Prognose

Bevor auf die Bewertung der Prognose im Detail eingegangen wird, soll zunächst dargestellt werden, was unter einer *perfekten* Prognose zu verstehen ist. Eine naive Annahme wäre, dass die Prognose jedes einzelne eingetretene Ereignis punktgenau vorhersagt, z. B. der Zeitpunkt und die Menge eines jeden Verkaufs einzelner Artikel im Einzelhandel oder die Schadenshöhe eines jeden Versicherungsfalls, die Kündigung eines jeden einzelnen Kunden, etc. Dies hieße dann, dass jeder Wert eines beliebigen Gütemaßes, der nicht die Identität von Prognose und Ereignis widerspiegelt, auf eine *schlechte* Prognose hindeutet.

Die obigen Ausführungen zeigen jedoch, dass jedem Ereignis in der Natur und unserem alltäglichen Leben ein statistischer Prozess zugrunde liegt. Daraus folgt, dass sich zwar der Prozess als solches genau charakterisieren lässt, mit Ausnahme von trivialen deterministischen Systemen (wie z. B. einem einfachen Pendel wie bei einer Uhr) lässt sich aber grundsätzlich nicht vorhersagen, welches konkrete Ereignis als nächstes eintreffen wird. Daher muss auf die Charakterisierung des Prozesses mittels einer Wahrscheinlichkeitsdichte zurückgegriffen werden. Die Prognose für das konkrete Ereignis ist dann ein zu wählender Punktschätzer oder Quantil aus der Wahrscheinlichkeitsdichte (z. B. der Median). Dies bedeutet, dass die Prognose nie das wahre Ereignis genau abbilden kann und daher auch jedes Prognosegütemaß einen von der Identität von Prognose und Ereignis verschiedenem Wert haben muss.

Bei der *perfekten Prognose* bildet also die dem ausgewählten Punktschätzer (Quantil) zugrunde liegende Wahrscheinlichkeitsverteilung die Verteilung der tatsächlichen Ereignisse korrekt ab. Das bedeutet, dass der zugrunde liegende Prozess korrekt beschrieben wird, die Vorhersage für das konkrete Ereignis wird aber aufgrund der statistischen Natur vom tatsächlichen Ereignis abweichen.

Beispiel: Abbildung 3.2 illustriert den Verkauf eines einzelnen Artikels, der sich im Mittel 2.7 Mal pro Zeiteinheit (e. g. Tag, Woche) verkauft. In diesem

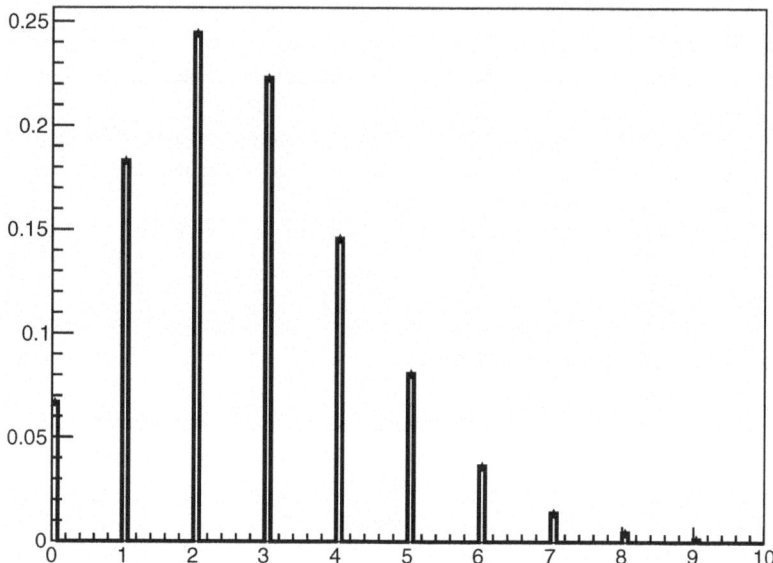

Abb. 3.2 Poisson-Verteilung mit Mittelwert $\mu = 2.7$ zur Illustration des Verkaufs eines einzelnen Artikels

idealisierten Beispiel wird angenommen, dass dem statistischen Prozess eine Poisson-Verteilung zugrunde liegt. Wie in Abschn. 2.2.5 dargestellt, bedeutet diese Annahme, dass der Verkauf dieses Artikels nicht durch einen zugrundeliegenden Mechanismus gesteuert wird, sondern zufällig erfolgt und durch den mittleren Verkauf (als Mittelwert der Verteilung) charakterisiert werden kann. Darüber hinaus wird angenommen, dass der Verkauf nicht durch andere Artikel beeinflusst wird, sowie die Ware immer verfügbar ist. Die Abbildung illustriert, dass in den meisten Fällen zwei Artikel gekauft werden, null, drei oder mehr Verkäufe auch noch sehr häufig sind und sogar 7 oder 8 Verkäufe dieses Artikels pro Zeiteinheit erwartet werden (wenn auch selten), d. h. die Verteilung hat eine bestimmte Breite, die die Schwankung der eintretenden Ereignisse charakterisiert. Zu beachten ist, dass die Verteilung durch Null nach unten begrenzt ist, da es keine negativen Verkäufe gibt und so die resultierende Wahrscheinlichkeitsverteilung zwangsläufig asymmetrisch sein muss. Die perfekte Prognose zeichnet sich dadurch aus, dass die zugrunde liegende Wahrscheinlichkeitsverteilung die tatsächlichen Ereignisse korrekt beschreibt (siehe Abb. 3.2). Der Zahlenwert der perfekten Prognose entspricht dann einem bestimmten Punktschätzer (Quantil)

3.2 Die „perfekte" Prognose

(z. B. dem Mittelwert von 2.7 Verkäufen pro Zeiteinheit). Schon allein durch die Tatsache, dass nur ganze Artikel verkauft werden können, muss in jedem Fall die Prognose von der tatsächlichen Anzahl der verkauften Artikel abweichen.

Dies wird nochmals durch Abb. 3.1 hervorgehoben, in der eine Wahrscheinlichkeitsverteilung mit sehr stark asymmetrischen Ausläufern dargestellt ist. In wenigen Fällen *müssen* Ereignisse eintreten, die stark von den „üblichen" Realisierungen abweichen. Da in der betrieblichen Praxis viele Ereignisse gleichzeitig betrachtet werden (z. B. der Verkauf Tausender Artikel in Hunderten von Filialen oder den Schadensfällen vieler Versicherungsmitglieder, die Kündigung vieler Kunden, etc.), ist es bei einem entsprechend großen statistischen Ensemble zu erwarten, dass *immer* ein Teil der realisierten Ereignisse stark von den aus der prognostizierten Wahrscheinlichkeitsverteilung extrahierten Punktschätzern abweichen wird. Dies ist in der prognostizierten Wahrscheinlichkeitsverteilung enthalten und somit *kein* Prognosefehler oder Fehler des Prognoseverfahrens. Im Gegenteil, aufgrund der prognostizierten Wahrscheinlichkeitsverteilung kann vorausgesagt werden, wie oft ein solcher Fall auftreten wird.

Beispiel: Anschaulich lässt sich dies anhand eines Münzwurfs einsehen. Hier lässt sich das der Prognose zugrundeliegende Modell einfach beschreiben: Als tatsächliche Ereignisse kommen nur *Kopf* oder *Zahl* in Frage, bei einer fairen (also nicht gezinkten) Münze tritt das Ereignis *Kopf* oder *Zahl* mit der Wahrscheinlichkeit $p = 50\,\%$ auf und jeder Münzwurf ist von der Historie der vorigen Münzwürfe unabhängig. Aufgrund der starken statistischen Komponente bei jedem einzelnen Münzwurf ist die Prognose, wie oft bei einer festen Anzahl von Versuchen *Kopf* geworfen wird, mit einer Unsicherheit behaftet und kann nur als Wahrscheinlichkeit angegeben werden. Dies wird in folgender Tabelle veranschaulicht, die die Wahrscheinlichkeit r angibt, dass bei $n = 5$ Versuchen *Kopf* geworfen wird:

$r =$	0	1	2	3	4	5	
$P(r)$	3.13	15.63	31.23	31.23	15.63	3.13	(in %)

In Kürze
- Aufgrund der statistischen Natur ist jede Prognose mit einer Unsicherheit behaftet, die durch die Breite der vorhergesagten Wahrscheinlichkeitsverteilung charakterisiert werden kann.

- Bei einer *perfekten Prognose* werden alle zugrundeliegende Prozesse korrekt modelliert.
- Auch bei einer perfekten Prognose müssen aufgrund statistischer Schwankungen Vorhersagen von tatsächlich eingetretenen Ereignissen abweichen.
- Da in der betrieblichen Praxis die Wahrscheinlichkeitsdichte nur durch einen Punktschätzer charakterisiert wird, kann dessen Zahlenwert ggf. auch erheblich vom realisierten Ereignis abweichen. Dies gilt auch bei perfekten Prognosen, im Gegensatz zum häufigen Sprachgebrauch.

3.3 Punktschätzer und Kostenfunktion

Wie bereits in der Einleitung ausgeführt, hängen die Prognose, die als Punktschätzer einer Wahrscheinlichkeitsverteilung ermittelt wird, und Kostenfunktion (bzw. Prognosegütemaß) mathematisch miteinander zusammen. Sie läßt sich über die folgenden Bedingungen ermitteln: Für einen optimalen Punktschätzer gilt, dass der Erwartungswert der Kostenfunktion C minimal ist, d. h.

$$\frac{\partial E[C(p,t)]}{\partial p} = 0,$$

sowie

$$\frac{\partial^2 E[C(p,t)]}{\partial p^2} > 0,$$

wobei der Punktschätzer als p und der wahre Wert als t (*truth*), der einer Wahrscheinlichkeitsverteilung $f(t)$ folgt, bezeichnet wird.

3.3.1 Allgemeine Kostenfunktion

Der optimale Punktschätzer lässt sich auch für eine beliebige Kostenfunktion nach dem gleichen Verfahren ermitteln. Im Idealfall nähme man hier die Kostenfunktion, die die wahren Kosten, auf deren Grundlage eine Entscheidung getroffen werden muss, genau beschreibt. Soweit möglich, sollte sie auch strategische Entscheidungen beinhalten. Diese sind spezifisch für das jeweilige Unternehmen. Im

3.3 Punktschätzer und Kostenfunktion

Handel könnte hier z. B. der Servicelevel oder die Warenverfügbarkeit im Vordergrund stehen, bei Versicherungen beispielsweise die Tarifstruktur oder die Kundenzusammensetzung, bei Analysen der Kundenbindung (*customer relationship management*, CRM) die quantitative Beschreibung, wie „wertvoll" ein gegebener (individueller) Kunde ist, etc. Wie bereits diskutiert, wird es meist nicht möglich sein, alle Komponenten, die zu der Kostenfunktion beitragen, zu identifizieren und zu quantifizieren. Es lohnt sich aber dennoch, möglichst viele Details zu berücksichtigen und so eine Kostenfunktion zu erstellen, die dem Idealfall recht nahe kommt. Damit ist es möglich, einen Punktschätzer als Prognose zu bestimmen, der die Gegebenheiten des Geschäftsbetriebs möglichst gut widerspiegelt. Es ist zu beachten, dass die Lösung der obigen Formeln im allgemeinen nicht als analytische Funktion darstellbar ist, sondern numerisch bestimmt werden muss.

Es ist weiterhin hervorzuheben, dass eine solche Kostenfunktion auch für einzelne Geschäftsbereiche, oder sogar einzelne Produkte und Warengruppen spezifisch sein kann und sowohl individuelle Kosten, als auch Strategieschwerpunkte berücksichtigen kann. Dies ist in Abb. 3.3 am Beispiel einzelner Artikel eines großen deutschen Versandhandelsunternehmen dargestellt. Bereits auf den ersten Blick ist ersichtlich, dass sich die Kostenfunktion auch innerhalb eines Unternehmens von Artikel zu Artikel stark unterscheiden kann. Die Funktion kann beispielsweise näherungsweise quadratisch sein (oben links), ähnlich einer quadratischen Fehlerfunktion, aber mit einem flachen Verlauf um das Minimum herum (oben rechts) oder auch stark asymmetrisch (mittlere Teilabbildungen). In Extremfällen können sogar einzelne Beiträge zur Kostenfunktion (fast) ganz verschwinden, wie im unteren Teil der Abbildung dargestellt. Darüber hinaus ist es wichtig hervorzuheben, dass auch im Idealfall die Kostenfunktion nur in einem gewissen Bereich bekannt ist. Selbst wenn wie z. B. in Abb. 3.3 oben links dargestellt ein annähernd quadratischer Zusammenhang zu Fehlprognosen ermittelt werden kann, so gilt dies immer nur in dem Bereich, in dem dieser Zusammenhang berechnet wurde und kann i.a. nicht darüber hinaus verallgemeinert werden. Beispielsweise könnte sich das quadratische Verhalten abflachen, asymmetrisch werden oder sich auf irgendeine Art und Weise verändern.

3.3.2 Mittlere Quadratische Abweichung

Eine oft verwendete Testgröße ist gegeben durch die quadratische Abweichung der Prognose p vom wahren Ereignis t. Sie wird auch als *MSE* (mean squared error) bezeichnet und die zugehörige Kostenfunktion ist definiert als

$$C(p,t) = (p-t)^2 \tag{3.1}$$

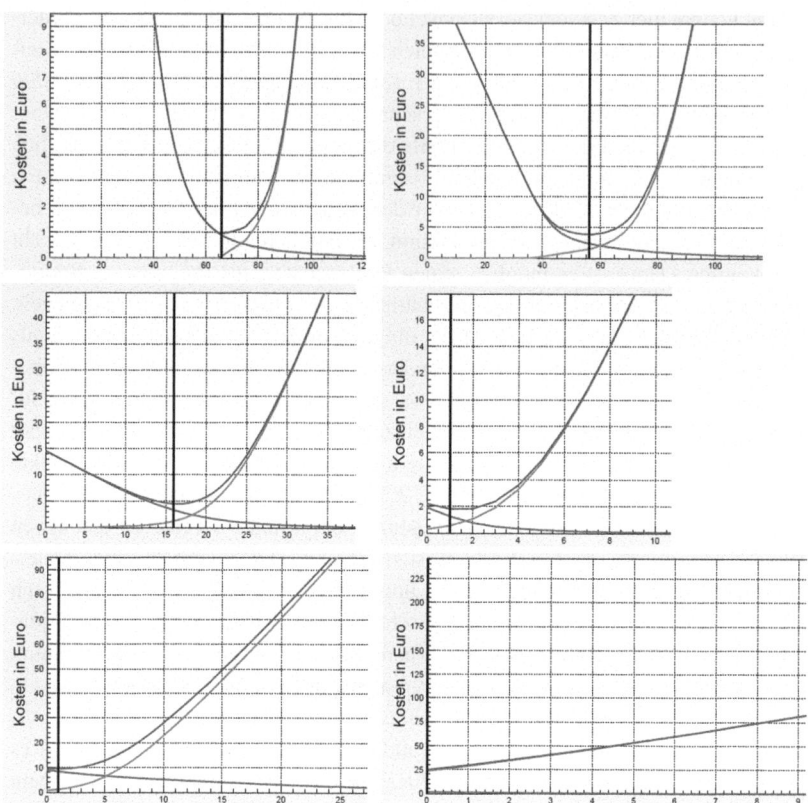

Abb. 3.3 Beispiele für die individuelle Kostenfunktion einzelner Artikel bei einem großen deutschen Versandhandelsunternehmen. Kosten aus Unter- und Überschätzung sind zusätzlich zur kombinierten Kostenfunktion einzeln dargestellt. Die kombinierte Kostenfunktion ist für die Erstellung und Bewertung der Prognose relevant. Das Minimum der Funktion wird durch einen senkrechten Balken dargestellt

Der Erwartungswert der Kostenfunktion bei bekannter Wahrscheinlichkeitsdichte $f(t)$ ist dann die Faltung

$$E[C(p,t)] = \int f(t)(p-t)^2 dt.$$

3.3 Punktschätzer und Kostenfunktion

Damit leitet sich der Punktschätzer wie folgt ab:

$$0 = \frac{\partial E[C(p,t)]}{\partial p}$$

$$= \frac{\partial \int f(t)(p-t)^2 dt}{\partial p}$$

$$= 2 \int f(t)(p-t) dt$$

Aus der Definition der Wahrscheinlichkeitsdichte (siehe Abschn. 2.2.1) folgt, dass die Normierung $\int f(t)dt = 1$ gilt, so dass für eine quadratische Kostenfunktion der Mittelwert der Wahrscheinlichkeitsverteilung der optimale Punktschätzer ist:

$$p = \int f(t)t\,dt \tag{3.2}$$

Um die mittlere quadratische Abweichung für konkrete Prognosen zu berechnen, kann folgende Summe bestimmt werden:

$$\text{MSE} = \frac{1}{N} \sum_{i=1}^{N} (p_i - t_i)^2 \tag{3.3}$$

Der MSE wird in der Praxis oft verwendet, da er sich einfach berechnen lässt und mit dem Mittelwert der Wahrscheinlichkeitsverteilung verknüpft ist. Dieser hat den—vermeintlichen—Vorteil, dass er sich einfach auf verschiedene Betrachtungsebenen aggregieren lässt, um beispielsweise die Prognosen für einzelne Artikel zu Warengruppen aufzusummieren oder Tagesprognosen zu Wochenprognosen zu aggregieren. Entsprechende Betrachtungen sind auch bei anderen Punktschätzern möglich, aber etwas aufwändiger durchzuführen. Voraussetzung ist allerdings, dass die gesamte Wahrscheinlichkeitsverteilung vorhergesagt wird und nicht nur eine einzelne Zahl. Grundsätzlich sind bei solchen Aggregationen Korrelationen zu beachten: Diese können entweder mehrere Variablen betreffen (z. B. bei einem erhöhten Verkauf von Produkt A wird auch Produkt B verstärkt verkauft oder ein erhöhter Verkauf von A bedingt eine Verringerung des Absatzes von B) oder den zeitlichen Ablauf der selben Variable (Autokorrelation), z. B. eine Änderung des Verkaufs eines Artikels an einem bestimmten Wochentag zieht eine Änderung an einem anderen Tag nach sich. Selbst bei der Verwendung des Mittelwerts sind diese Fälle zu beachten, so dass im Allgemeinen eine Aggregation von Prognosen nur mit großer Vorsicht durchführbar ist. Dies wird im weiteren Verlauf in Abschn. 3.6 diskutiert.

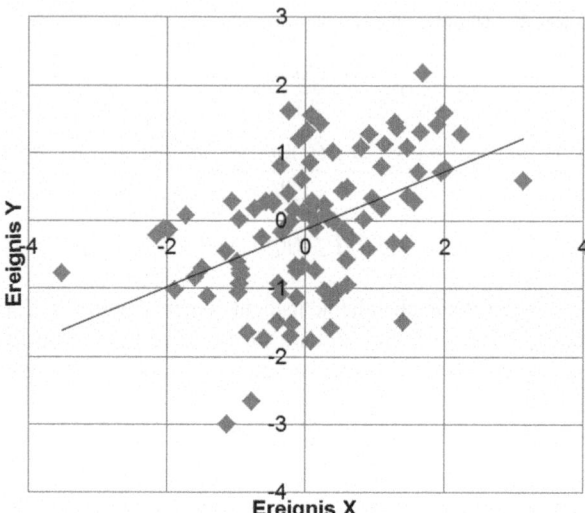

Abb. 3.4 Die quadratische Abweichung kann die Daten gut beschreiben, wenn keine Ausreißer in den Daten vorhanden sind

Bei der Analyse eines Prognosemodells mittels der quadratischen Abweichung ergeben sich einige gravierende Nachteile: Zum einen optimiert eine auf dieser Testgröße aufbauenden Strategie eine wirtschaftlich nicht relevante Größe („Quadrateuro"), da in den seltensten Fällen die tatsächlichen Kosten, die sich aus einer Abweichung des wahren Ereignisses von der Prognose ergeben, quadratisch ansteigen. Zum anderen wird die quadratische Abweichung von Ausreißern dominiert, so dass diese Kenngröße letztlich hauptsächlich auf diese sensitiv ist. Dies wird in Abb. 3.4 und 3.5 veranschaulicht. In beiden Fällen werden korrelierte Zufallszahlen verwendet, die einer Gaußschen Normalverteilung folgen und mit einem Korrelationskoeffizient von $\rho = 0.5$ miteinander korreliert sind. Abbildung 3.4 zeigt, dass diese Datenpunkte gut durch eine Anpassungsrechnung, basierend auf einer quadratische Minimierung, beschrieben werden können. Wird jedoch auch nur ein Ausreißer hinzugefügt, so wird das Ergebnis der Anpassung durch diesen einen Punkt dominiert und kann die Daten (bis auf diesen Punkt) nicht mehr korrekt beschreiben, wie in Abb. 3.5 dargestellt. In [Mas98] wird dies im Kontext von Vorhersagen für Finanzzeitreihen ebenfalls diskutiert.

Beispiel: Für eine Krankenkasse soll vorhergesagt werden, welche Kosten ein einzelner Versicherungsnehmer im nächsten Jahr verursachen wird. Aufgrund der Struktur der Mitglieder ist Folgendes zu erwarten: Ein Großteil der Mitglieder

3.3 Punktschätzer und Kostenfunktion

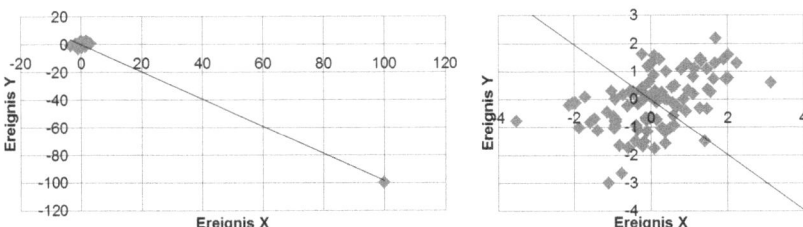

Abb. 3.5 Ein einziger Datenpunkt dominiert als Ausreißer die Anpassungsrechnung, die Daten werden nicht mehr korrekt beschrieben. Links: Alle Daten mit dem Ausreißer. Rechts: Vergrößerung der Verteilung der Daten

ist gesund und wird keine bis geringe Kosten verursachen. Weiterhin benötigen eine gewisse Anzahl von Mitgliedern aufgrund langwieriger oder chronischer Erkrankungen medizinische Betreuung im nächsten Versicherungsjahr. Ein gewisser Prozentsatz der bisher gesunden Mitglieder wird im nächsten Jahr erkranken und daher Kosten verursachen, die von der Versicherung übernommen werden müssen. Zusätzlich ist zu erwarten, dass ein geringer Anteil von Versicherungsnehmern beispielsweise in einen schweren Unfall verwickelt wird und daher hohe Behandlungskosten verursachen wird. Diese Fälle sind als exogene Ursachen grundsätzlich nicht prognostizierbar. Die Wahrscheinlichkeit, *dass* ein solcher Fall eintritt, steigt mit der Anzahl der Mitglieder und hängt darüber hinaus von der Risikostruktur der Mitglieder ab. Die Krankenkasse muss also dafür sorgen, dass genügend Mittel bereitstehen, um diese Fälle abzudecken, aber ob und welches Mitglied genau betroffen wird, läßt sich prinzipiell nicht vorhersagen[2]. Aufgrund dieser Betrachtungen ist bereits vor der Erstellung der Prognose ersichtlich, dass das Modell die Kosten der Mitglieder möglichst genau bestimmen soll, die im Laufe des nächsten Versicherungsjahres erkranken werden und entsprechende Behandlungen benötigen. Darüber hinaus ist bereits zu diesem Zeitpunkt bekannt, dass es wenige Mitglieder geben wird, bei denen die tatsächlichen Kosten (z. B. aufgrund eines unverschuldeten Unfalls) stark von den prognostizierten Kosten abweichen werden, unabhängig davon, wie gut das Modell insgesamt ist. Wird nun ein quadratisches Gütemaß zugrunde gelegt, dominieren diese wenigen Mitglieder und die Auswertung bewertet nun nicht mehr das Modell selbst, sondern nur noch diese Zufallskomponente.

---

[2] Stehen detaillierte Informationen bereit, könnte eine dedizierte Risikoanalyse eine Wahrscheinlichkeit vorhersagen, welche Mitglieder ein erhöhtes Risiko haben – der konkrete Einzelfall läßt sich auch dann aufgrund der statistischen Natur nicht prognostizieren.

In Kürze
- Die quadratische Kostenfunktion führt zu einem besonders einfachen optimalen Punktschätzer, dem Mittelwert.
- Eine quadratische Kostenfunktion spiegelt in den seltensten Fällen die tatsächlichen Kosten einer Fehlprognose im Unternehmen wider.
- Eine Bewertung von Prognosen mittels einer quadratischen Kostenfunktion ist von (wenigen) starken Abweichungen, bzw. Ausreißern, dominiert und daher für eine Bewertung der Prognosegüte nicht geeignet, obwohl sie in weiten Teilen der wirtschaftswissenschaftlichen Fachliteratur diskutiert wird.

3.3.3 Mittlere Absolute Abweichung

Die absolute Abweichung wird auch als MAD (= mean absolute deviation) oder auch MAE (= mean absolute error) bezeichnet. In diesem Fall ist die Kostenfunktion proportional zur absoluten Abweichung der Prognose zum wahren Wert:

$$C(p, t) = |p - t| \tag{3.4}$$

Damit ergibt sich der optimale Punktschätzer $\hat{t}$ über die Herleitung:

$$\begin{aligned} 0 &= \frac{\partial E[C(p,t)]}{\partial p} \\ &= \frac{\partial \int f(t)|p - t|dt}{\partial p} \\ &= \int_{-\infty}^{p} f(t)(-1)dt + \int_{p}^{\infty} f(t)(1)dt \end{aligned}$$

als Median der Wahrscheinlichkeitsverteilung:

$$\hat{t} = \int_{-\infty}^{p} f(t)dt = 0.5 \tag{3.5}$$

Für den Fall, dass der MAD für konkrete Prognosen berechnet werden soll, kann folgende Summe evaluiert werden:

$$\text{MAD} = \frac{1}{N} \sum_{i=1}^{N} |p_i - t_i| \tag{3.6}$$

3.3 Punktschätzer und Kostenfunktion

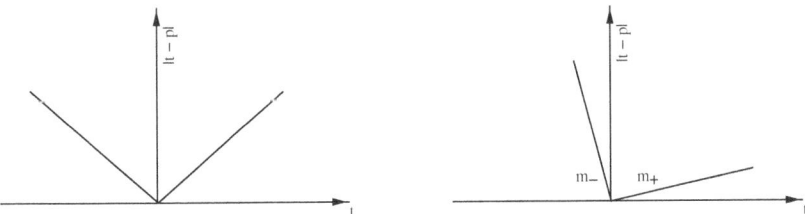

Abb. 3.6 Absolute Abweichung bei gleichen Kosten (links) und bei unterschiedlichen Kosten (rechts) bei Über- und Unterschätzen des wahren Ereignisses

Im Gegensatz zur quadratischen Abweichung hat diese Größe den großen Vorteil, dass eine darauf aufbauende Strategie, im Gegensatz zur quadratischen Abweichung, für ein Unternehmen relevante Kenngrößen optimiert. Beim *einfachen* MAD wird angenommen, dass die Kosten für eine Über- und Unterschätzung des wahren Ereignisses gleich sind (siehe linker Teil der Abb. 3.6), wie auch in [Rud98] hervorgehoben. Sind weitere Details über die tatsächlichen Kosten bekannt, kann der MAD entsprechend erweitert werden, indem z. B. die Steigung der Geraden, die die Kosten repräsentieren, für Über- und Unterschätzen des wahren Ereignisses unterschiedlich gewählt werden. Dies ist im rechten Teil der Abb. 3.6 skizziert. Dabei ist zu beachten, dass sich entsprechend auch der zugehörige Punktschätzer ändert und nicht mehr dem Median entspricht, sondern einem anderen Quantil der Wahrscheinlichkeitsverteilung, das vom Verhältnis der beiden Steigungen m_- (für die Unterschätzung, $t < 0$) und m_+ (für die Überschätzung, $t > 0$) abhängt: $\hat{t} = Q_{\frac{m_+}{m_+ + m_-}}$. Beim in Abb. 3.6 gezeigten Beispiel im rechten Teil der Abbildung entspricht der optimale Punktschätzer $\hat{t}$ ungefähr dem 20 %-Quantil.

Eine Variante der absoluten Abweichung ist die *normierte absolute Abweichung*, die die absolute Abweichung bezüglich der wahren Ereignisse normiert. Diese Größe wird auch als rMAD (relative mean absolute deviation) oder rMAE (relative mean absolute error) bezeichnet und ist definiert als:

$$\text{rMAD} = \frac{\sum_{i=1}^{N} |t_i - p_i|}{\sum_{i=1}^{N} t_i} = \frac{\text{MAD}}{\frac{1}{N} \sum_{i=1}^{N} t_i}, \tag{3.7}$$

wobei die Summe über alle Ereignisse i läuft. Der rMAD verhält sich ähnlich wie der MAD, hat aber den Vorteil, dass hier das Niveau der wahren Ereignisse mit einbezogen wird und es so möglich ist, die Kennzahl in Prozent (%) darzustellen. Bei einer geringen Anzahl von wahren Ereignissen t_i ist aber auf numerische

Probleme zu achten, insbesondere kann der rMAD divergieren und sollte daher erst bei einer Mittelung über viele Ereignisse verwendet werden, wie im nächsten Abschnitt dargestellt wird.

> **In Kürze**
> - Die absolute Abweichung (MAD) ist ein guter Kompromiss, um Prognosen zu bewerten, wenn die tatsächlichen Kosten einer Fehlprognose nicht ermittelbar sind. Der MAD ist oft eine bessere Näherung der wirtschaftlichen Gegebenheiten als eine quadratische Kostenfunktion.
> - Die Kostenfunktion der absoluten Abweichung ist verknüpft mit dem Median der vorhergesagten Wahrscheinlichkeitsdichte als optimalem Punktschätzer.

3.3.4 Illustration des Verhaltens von MSE, MAD und rMAD

Das generelle Verhalten der bisher diskutierten Gütemaße soll durch den folgenden hypothetischen (und idealisierten) Fall veranschaulicht werden: Es soll der Verkauf eines einzigen Artikels mit fester Packungsgröße (z. B. eine Packung Kaffee, ein roter Wollpullover) vorhergesagt werden. Dieses generische Beispiel aus dem Einzelhandel eignet sich besonders, da hier verschiedene Effekte anschaulich betrachtet werden können, z. B. die Tatsache, dass nur diskrete Ereignisse eintreten können (es können nur ganze Pullover verkauft werden), oder dass der mittlere Verkauf des Artikels stark variieren kann (z. B. bei einem Sonderangebot oder einem Premiumartikel). Zur Illustration sei angenommen, dass dem Verkauf keine besonderen Effekte zugrunde liegen und insbesondere der Verkauf eines Artikels keinen Einfluss auf den den nächsten Zeitpunkt des Verkaufs eines weiteren Artikels hat. Daher wird in diesem einfachen Beispiel der Verkauf des Artikels durch eine Poisson-Verteilung dargestellt, deren Mittelwert dem mittleren Verkaufsniveau des Artikels entspricht. In diesem idealisierten Fall wird eine perfekte Prognose angenommen, so dass alle Artefakte der jeweiligen Gütemaße allein aus statistischen Eigenschaften hervorrühren. Es werden dann 1 Million „Experimente" gemacht, in denen jeweils „Verkauf" und „Prognose" für 7 aufeinander folgende Einheiten (z. B. eine Woche bei tagesgenauen Prognosen) simuliert werden. Hier ist wichtig zu betonen, dass es sich um ein hypothetisches Beispiel handelt, da keinerlei Dynamik, Wechselwirkungen oder Änderungen im Verhalten simuliert wird und nur ein einziger Artikel betrachtet wird.

3.3 Punktschätzer und Kostenfunktion

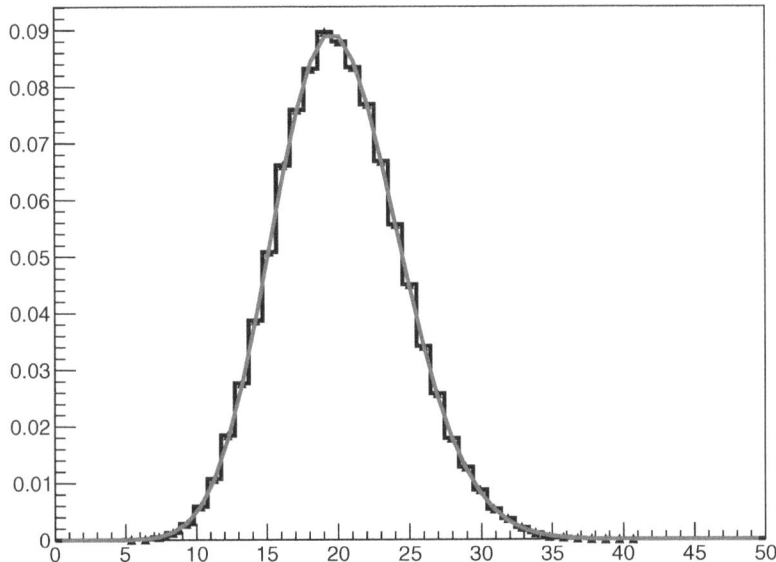

Abb. 3.7 Illustration eines schnelldrehenden Artikels. In diesem idealisierten Beispiel wird der Verkauf eines Artikels mit fester Packungseinheit durch die diskrete (stufenförmige) Kurve dargestellt, die Prognose basiert auf dem besten Punktschätzer einer Wahrscheinlichkeitsverteilung und ist daher eine reelle Zahl

Beispiel 1: Es wird angenommen, dass es sich um einen Artikel handelt, der sich im betrachteten Zeitraum häufig verkauft, wie in Abb. 3.7 dargestellt.

Die sich daraus ergebenden Verhalten der Gütemaße sind in Abb. 3.8 dargestellt. Es ist wichtig hervorzuheben, dass die Abweichung von idealisierter „Prognose" und „Verkauf" allein durch statistische Schwankungen, sowie den Vergleich eines kontinuierlichen Punktschätzers einer Wahrscheinlichkeitsverteilung und dem diskreten Verkauf eines Stückartikels zustande kommen. Bei der Betrachtung der Gütemaße fällt insbesondere auf, dass das quadratische Maß (MSE) eine um Größenordnung höhere Schwankungsbreite als der MAD aufweist. Zudem ist die resultierende Verteilung asymmetrisch und zu hohen Werten hin verschoben. Das liegt daran, dass der Verkauf von Artikeln durch Null nach unten begrenzt ist, es also keine „negativen Verkäufe" geben kann.

Beispiel 2: Hier wird illustriert, wie sich die Gütemaße ändern, wenn es sich um einen langsamdrehenden Artikel handelt, der sich im betrachteten Zeitraum nur selten verkauft. Dies ist durch Abb. 3.9 dargestellt. Die diskrete Kurve beschreibt die verkauften Artikel, während die Prognose als Punktschätzer aus einer Wahrscheinlichkeitsverteilung eine reelle Zahl ist.

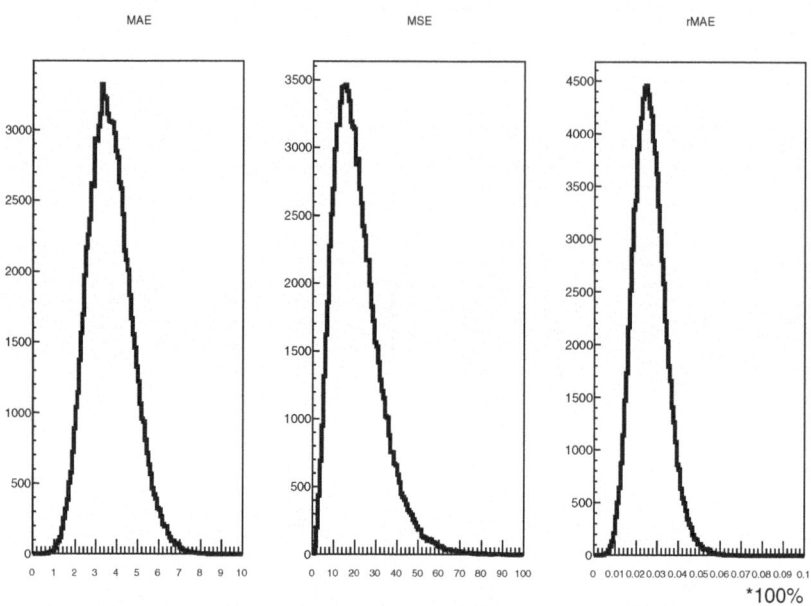

Abb. 3.8 Gütemaße entsprechend des hypothetischen Beispiels aus Abb. 3.7

Das Verhalten der Gütemaße für diesen Fall ist in Abb. 3.10 dargestellt. Bei der ersten Betrachtung fällt auf, dass der MAD eine Abweichung von ca. einer Einheit hat. Dies ist zu einem großen Teil auf den Übergang einer diskreten Verkaufsverteilung und kontinuierlichen Wahrscheinlichkeitsdichte der Prognose zurückzuführen. Zum Beispiel werden Nullverkäufe (der diskreten Verteilung) durch einen kleinen, aber endlichen Wert der kontinuierlichen Wahrscheinlichkeitsverteilung ausgedrückt (siehe auch die Diskussion später in Abschn. 4.4.2). In der Realität muss an einer Stelle (z. B. wenn eine Bestellung von Waren ausgelöst werden soll) ein Übergang vom (kontinuierlichen) Wert des optimalen Punktschätzers auf einen diskreten Wert (z. B. 5 Einheiten) erfolgen. Neben der Frage, wie auf die nächste ganze Zahl zu runden ist (immer auf-/abrunden, immer zur nächsten Zahl runden) gehen hier weitere Randbedingungen wie z. B. Mindestbestellmengen, Bestellstrategien, etc. mit ein, so dass dieser Schritt in der Praxis oft auch strategische Entscheidungen erfordert.

Wie beim ersten Beispiel fällt auch hier auf, dass das quadratische Gütemaß eine große Abweichung mit breiter Streuung zeigt, zudem ist die Verteilung stark asymmetrisch. Das relative Gütemaß (rMAD) zeigt für dieses Beispiel ebenfalls

3.4 Weitere Testgrößen

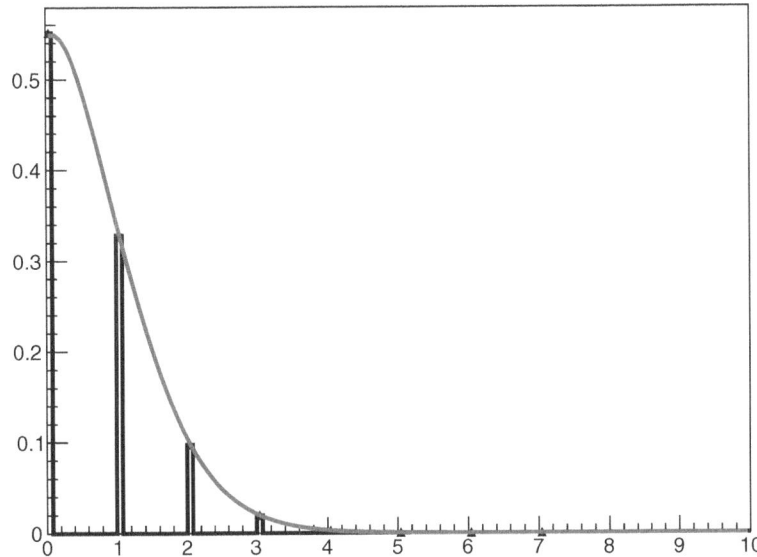

Abb. 3.9 Illustration eines langsamdrehenden Artikels. In diesem idealisierten Beispiel wird der Verkauf eines Artikels mit fester Packungseinheit durch die diskrete (stufenförmige) Kurve dargestellt, während die Prognose als Punktschätzer aus einer Wahrscheinlichkeitsverteilung eine reelle Zahl ist

ein für Langsamdreher typisches Artefakt: Die relativen Abweichungen sind selbst bei idealisierter Prognose mit meist ca. 20 % recht hoch und haben lange Ausläufer bis weit über 100 % hinaus. In realistischen Szenarien sind daher Werte des rMAD von mehr als 50 % für ausgezeichnete Prognosen zu erwarten, was nicht der intuitiven Einschätzung entspricht.

3.4 Weitere Testgrößen

3.4.1 Prozentuale Fehlermaße und MAPE

Prozentuale Fehlermaße
Um die Testgrößen *handhabbarer* zu machen, wird oft gewünscht, ein relatives Maß bereitzustellen. Mögliche Vorschäge lassen sich bei *großen* Zahlen recht gut realisieren, es treten aber bei *kleinen Zahlen* eine Vielzahl von Problemen auf, die

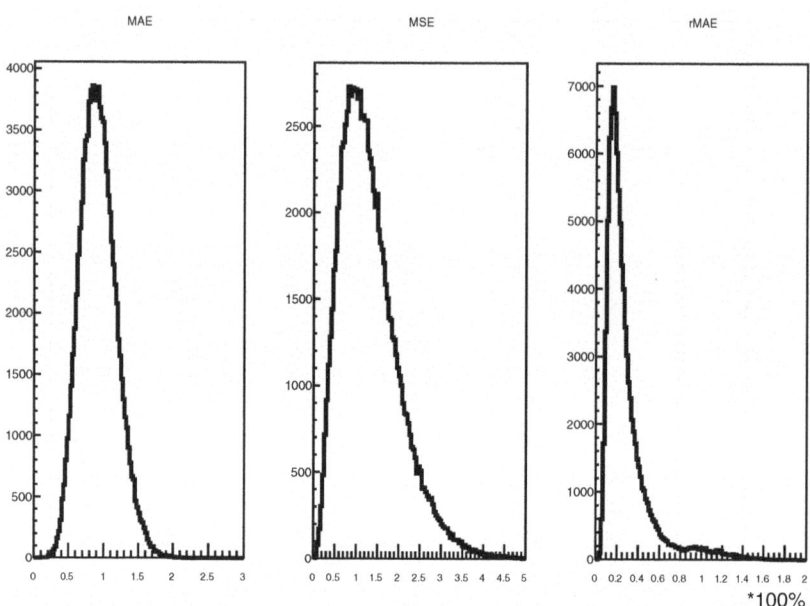

Abb. 3.10 Gütemaße entsprechend des hypothetischen Beispiels aus Abb. 3.9

die eigentliche Aussage verzerren können. Darüber hinaus läßt sich nicht rigoros festlegen, was *kleine* oder *große* Zahlen sind, so dass hier quasi *Statistik aus dem Bauchgefühl* gemacht wird.

Es wird daher von der Verwendung relativer Fehlermaße im Allgemeinen abgeraten. Dies wird im Folgenden an verschiedenen Beispielen erläutert.

Für ein wahres Ereignis t mit Prognose p läst sich das prozentuale Fehlermaß definieren als:

$$\text{PE}_1 = \frac{t-p}{p} \tag{3.8}$$

$$\text{PE}_2 = \frac{t-p}{t} \tag{3.9}$$

Im ersten Fall wird durch die Prognose p geteilt und der Wertebereich dieses Schätzers liegt im Intervall $[-1, \infty[$, im zweiten Fall wird durch das wahre Ereignis t geteilt und der Wertebereich liegt entsprechend zwischen $]-\infty, 1]$. Der Wertebereich beider Fälle ist also sehr asymmetrisch. Bei *großen* Zahlen lässt sich mit beiden Maßen eine sinnvolle Aussage treffen, z. B. mit $p = 995$, $t = 1000$ ergibt sich $m_1 = 0.5\%$ und $m_2 = 0.5\%$.

3.4 Weitere Testgrößen

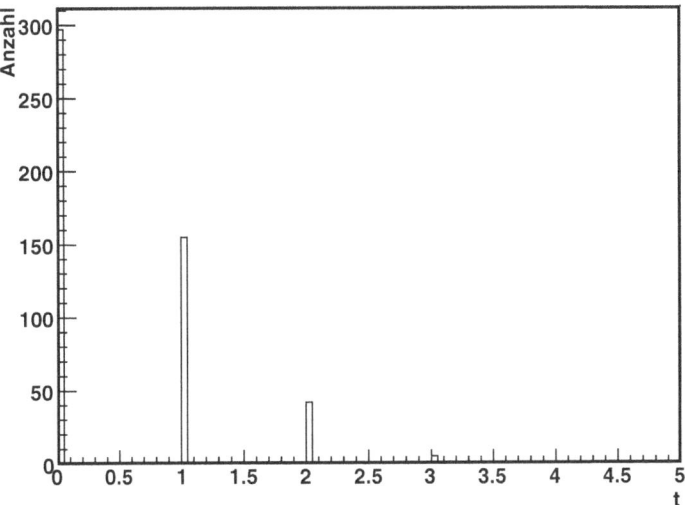

Abb. 3.11 Poisson – Verteilung mit Mittelwert $\mu = 0.5$.

Problematisch werden diese Maße bei *kleinen* Zahlen, da sie auch bei perfekter Prognose hohe relative Abweichungen erzeugen. Dies kann zum Beispiel bei Artikeln auftreten, die nur selten verkauft werden, so genannte *Langsamdreher*, die sich zudem nur in ganzzahligen Stückzahlen verkaufen lassen. Abbildung 3.11 zeigt eine Poisson - Verteilung mit Mittelwert $\mu = 0.5$. In diesem Fall wird meist kein Artikel verkauft; für diesen Fall ist das relative Maß m_2 nicht definiert. Selbst wenn die Prognose die Häufigkeitsverteilung genau vorhersagt, also $p = \mu = 0.5$, ergibt sich ein großer relativer Fehler $m_1 = 100\,\%$, wenn keiner oder ein Artikel verkauft wurde. Für den gemäß der Poissonstatistik möglichen Fall, dass zwei Artikel verkauft wurden, ergibt sich $m_1 = 300\,\%$, obwohl die Prognose weiterhin richtig ist. In diesem Beispiel muss auch beachtet werden, das die Prognose eine reelle Zahl sein kann, während das wahre Ereignis nur ganzzahlige Werte annehmen kann.

Prognose-Ereignis-Asymmetrie
Eine Variante ist die Prognose-Ereignis-Asymmetrie. Sie wird für ein wahres Ereignis t und Prognose p definiert als

$$a_{tp,i} = \frac{t_i - p_i}{t_i + p_i} \tag{3.10}$$

Im Vergleich zu den Abschn. 3.4.1 prozentualen Maßen hat die Asymmetrie den Vorteil, dass der Wertebereich auf $[-1, 1]$ begrenzt ist, die Warnhinweise bei kleinen Zahlenwerten gelten jedoch auch in diesem Fall. Dies wird an folgenden Beispielen veranschaulicht. In allen Fällen wird zur Vereinfachung angenommen, dass sich der Verkauf eines Artikels durch eine Poisson-Verteilung beschreiben lässt. Des Weiteren wird eine „perfekte" Prognose vorausgesetzt. In Abb. 3.12 wird die Asymmetrie für einen Artikel gezeigt, der sich sehr häufig pro betrachteter Zeiteinheit verkauft (dargestellt durch den Mittelwert $\mu = 20$ der Poisson - Verteilung). Die Abbildung zeigt das erwartete Ergebnis, nämlich dass die Verteilung der Prognose-Ereignis-Asymmetrie um Null zentriert ist. Die diskrete Natur der Abbildung kommt dadurch zustande, dass immer die gleiche (perfekte) Prognose, gegeben durch den Parameter μ der Poisson-Verteilung, den simulierten wahren Ereignissen zugeordnet wird. Allerdings ist auch hier zu beobachten, dass die Verteilung leicht asymmetrisch ist, da die wahren Ereignisse durch Null nach unten begrenzt ist. Zu beachten ist, dass selbst bei perfekter Prognose bei sehr vereinfachten Annahmen aufgrund von statistischen Effekten eine Verteilung des Gütemaßes mit endlicher Breite zu erwarten ist.

Bei Artikeln, die sich nur wenig verkaufen (siehe Abb. 3.13), treten mehr und mehr Artefakte auf und die Verteilung der Asymmetrie verliert stark an Aussagekraft.

MAPE

Der *mean absolute percentage error* (MAPE) ist definiert als:

$$\text{MAPE} = \frac{1}{N} \sum_{i=1}^{N} \frac{|t_i - p_i|}{t_i} \qquad (3.11)$$

Im Gegensatz zum in Gl. 3.7 definierten rMAD oder rMAE wird hier bei der Summenbildung jede einzelne absolute Abweichung von Prognose p_i zum Ereignis t_i durch das Ereignis t_i selbst geteilt. Dies verstärkt die bereits beim rMAD beobachteten Artefakte und ist insbesondere bei Artikeln problematisch, die nur selten verkauft werden. Da dennoch auch für Zeiteinheiten, an denen kein Artikel verkauft wird, eine Prognose zur Verfügung steht, ist der MAPE in diesen Fällen mathematisch nicht definiert. Eine Auswertung, die nur dann durchgeführt wird, wenn auch ein Artikel verkauft wird (wenn also $t_i > 0$ gefordert wird), verzerrt die Auswertung und ist mathematisch nicht sinnvoll, was bedeutet, dass der MAPE sich nicht sinnvoll für eine Auswertung einsetzen lässt (wie Abb. 3.14 zeigt), obwohl er in der Praxis häufig verwendet wird.

3.4 Weitere Testgrößen

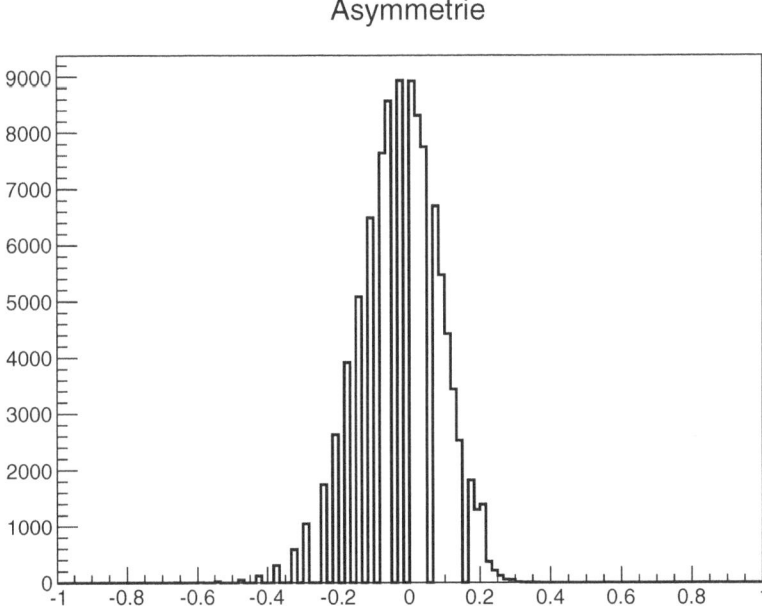

Abb. 3.12 Prognose-Ereignis-Asymmetrie bei hohen Verkaufszahlen. Die Verteilung zeigt das bei „perfekten" Prognosen erwartete Ergebnis, dass die Asymmetrie symmetrisch um Null verteilt ist

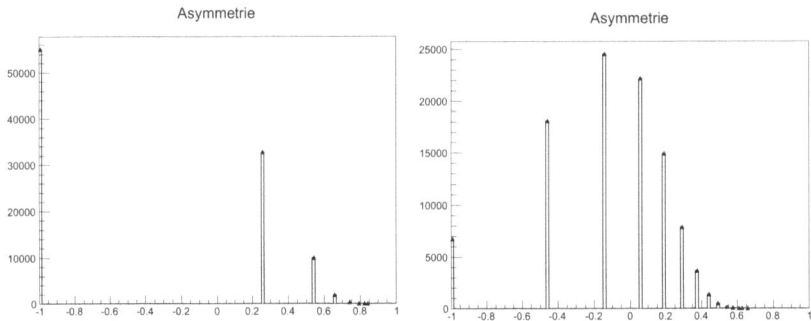

Abb. 3.13 Prognose-Ereignis-Asymmetrie bei niedrigen (links) und mittleren (rechts) Verkaufszahlen. Die Verteilung zeigt das Ergebnis für „perfekte" Prognosen

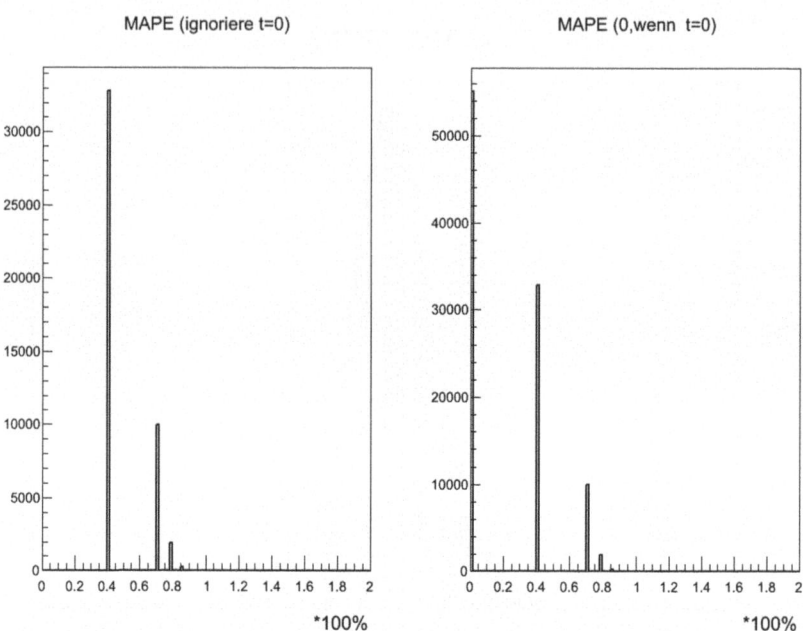

Abb. 3.14 Verhalten des MAPE für selten verkaufte Artikel. Dargestellt werden zwei Möglichkeiten, Nullverkäufe, für den diese Kennzahl mathematisch nicht definiert ist, zu behandeln. Im linken Teil der Abbildungen werden Ereignisse mit wahren Nullverkäufen ignoriert, im rechten Teil wird eine Null eingesetzt. Die unterschiedlichen Möglichkeiten illustrieren, dass der MAPE nicht für eine Auswertung verwendbar ist

3.4.2 Theilscher Ungleichheitskoeffizient

Ein verbreitetes Maß ist der Theilsche Ungleichheitskoeffizient [The71], der im Folgenden genauer betrachtet wird. Der Theilsche Ungleichheitskoeffizient ist definiert als

$$U_2 = \frac{\sqrt{\frac{1}{T-h} \sum_{t=h+1}^{T} (P_t - A_t)^2}}{\sqrt{\frac{1}{T-h} \sum_{t=h+1}^{T} (A_t)^2}} \qquad (3.12)$$

wobei

$$P_t = \frac{\hat{x}_t - x_{t-h}}{x_{t-h}} \quad \text{und} \quad A_t = \frac{x_t - x_{t-h}}{x_{t-h}} \qquad (3.13)$$

Dabei bezeichnet $\hat{x}_t$ die Prognose für den Zeitpunkt t, x_t den wahren Wert zum Zeitpunkt t und x_{t-h} den wahren Wert zum Zeitpunkt $t - h$, wobei h den Prognosehorizont repräsentiert.

Wie der in Abschn. 3.3.2 vorgestellte MSE ist auch der Theilsche Ungleichheitskoeffizient ein quadratisches Gütemaß und weist daher die entsprechenden prinzipiellen Nachteile auf. So wird er beispielsweise durch die überproportionale Gewichtung von wenigen größeren Abweichungen dominiert. Darüber hinaus werden bei der Berechnung nicht nur die Prognosen $\hat{x}_t$ für den zu prognostizierenden Zeitpunkt, sowie das wahre Ereignis x_t zu diesem Zeitpunkt verwendet, sondern auch der wahre Wert zum Zeitpunkt der Berechnung der Prognose x_{t-h} mit Zeithorizont h. Obwohl dies in bestimmten Situationen nützlich sein kann (z. B. bei langsam veränderlichen Daten ohne innere Struktur), schadet dieser Ansatz im allgemeinen mehr als dass er nützt. *Beispiel:* Im Lebensmitteleinzelhandel sollen Prognosen berechnet werden, die den Verkauf bestimmter Artikel tagesgenau vorhersagen. Für die kurz-, mittel- und langfristige Planung werden Vorhersagen mit verschiedenen Prognosehorizonten erstellt, beispielsweise einen Tag im voraus, drei Tage im voraus, eine Woche im voraus, einen Monat im voraus. Für einen bestimmten Verkaufstag stehen so eine Vielzahl von Prognosen bereit, die sich dadurch unterscheiden, wann sie berechnet wurden. Für einen Montag gibt es beispielsweise eine Prognose, die am vorigen Freitag erstellt wurde. Gemäß des Theilschen Ungleichheitskoeffizienten ginge nun der wahre Verkauf des Freitags in die Bewertung der Prognose für den Montag ein, obwohl das typische Einkaufsverhalten an einem Freitag aufgrund des ausgeprägten Wochenprofils sich sehr von einem Montag unterscheidet. Dies gilt umso mehr, sollte einer der Tage in der Nähe eines Feiertages sein.

3.5 Zusammenfassung Testgrößen

Hier werden noch einmal die wichtigsten Eigenschaften der verschiedenen Testgrößen zusammengefasst.

- Gute Prognoseverfahren sagen für jedes zu prognostizierendes Ereignis eine komplette Wahrscheinlichkeitsverteilung voraus.
- Im Idealfall ergibt sich die Prognose und deren erwartete Unsicherheit aus dem für den konkreten Fall optimalen Punktschätzer der Wahrscheinlichkeitsverteilung. Dieser Punktschätzer kann aus der Kostenfunktion, die alle tatsächlichen

Kosten aus Über- und Unterschätzung berücksichtigt, mathematisch abgeleitet werden.
- In der Praxis ist es oft nur in Ausnahmefällen möglich, eine (ungefähr) realistische Kostenfunktion für die zu prognostizierenden Ereignisse zu erstellen, da viele Faktoren zusammenkommen, die sich nur schwer auflisten und quantifizieren lassen.
- Lässt sich keine Kostenfunktion für die zu prognostizierenden Ereignisse erstellen, so sind eine Vielzahl von Gütemaßen in der Literatur zu finden, anhand derer Prognosen bewertet werden können. Es ist dabei zu betonen, dass diese Gütemaße die tatsächlichen Gegebenheiten nicht vollständig berücksichtigen können.
- Bei der Auswahl des zu verwendenden Gütemaßes sollte versucht werden, ein Maß zu wählen, das den tatsächlichen Gegebenheiten am nähesten kommt.
- Ein guter Kompromiss für ein Gütemaß, wenn sich die wahre Kostenfunktion nicht ermitteln lässt, ist die mittlere absolute Abweichung (MAD), da dieser die Prognosen neutral bewertet und keine Verzerrungen in der Auswertung hervorruft. Aus diesem Grund sind Gütemaße, die auf einer quadratischen Abweichung (wie z. B. der MSE oder auch der Theilsche Ungleichheitskoeffizient) im Allgemeinen nicht geeignet, da hier die Bewertung der Prognosen durch wenige Ereignisse mit hoher Abweichung stark verzerrt wird.
- In der Literatur sind viele relative Gütemaße zu finden, die versprechen, die Prognosen anschaulicher zu bewerten. Diese relativen Gütemaße weisen jedoch eine Vielzahl von Artefakten auf, so dass eine sinnvolle Bewertung meist nicht möglich ist.
- Selbst bei einer „perfekten Prognose" müssen aufgrund der statistischen Natur Schwankungen auftreten, also die tatächlichen Ereignisse von den zugehörigen Prognosen abweichen.

3.6 Kombination von Prognosen

Im Allgemeinen lassen sich Prognosen nicht auf eine einfache Art und Weise kombinieren, z. B. auf eine höhere Ebene aufaggregieren. Aussagen, die sich auf Kombinationen beziehen, sind – bis auf wenige Ausnahmen – nur dann korrekt, wenn die gesamte Wahrscheinlichkeitsdichte berücksichtigt wird.

In Kürze
- Kombinationen und Transformationen sind in den meisten Fällen nicht trivial und nur in Ausnahmefällen mit vertretbarem (numerischen) Aufwand möglich.
- Daher sollten Prognosen immer für den konkreten Verwendungszweck erstellt werden, so dass sie in der Anwendung ohne weitere Bearbeitung verwendet werden können.

3.6.1 Addition von Prognosen

Sollen zwei Prognosen mit einander addiert oder von einander subtrahiert werden, so müssen die jeweiligen Wahrscheinlichkeitsdichten mit einander gefaltet werden:

$$p(t) = \iint g(x)h(y)\delta(x+y-t)dx\,dy$$
$$= \int g(x)h(t-x)dx$$

Diese Beziehung gilt auch nur im einfachen Fall, dass die Prognosen von einander unabhängig sind. Andernfalls wäre eine zweidimensionale Copula-Funktion, genähert durch eine Wahrscheinlichkeitsverteilung $p(x, y)$ mit entsprechender Kovarianzmatrix zu berücksichtigen. Daher ist es in den meisten Fällen besser und auch einfacher, die Prognosen auf den konkreten Verwendungszweck abzustimmen und so zu berechnen, dass sie ohne weitere Transformationen weiterverarbeitet werden können.

Für den Spezialfall, dass der Erwartungswert der Summe zweier unkorrelierter Prognosen betrachtet werden soll, reicht es, die Summe der Erwartungswerte E und Varianzen V zu berechnen:

$$E(p_1 + p_2) = E(p_1) + E(p_2)$$
$$V(p_1 + p_2) = V(p_1) + V(p_2)$$

sowie

$$E\left(\sum_i a_i p_i\right) = \sum_i a_i E(p_i) \tag{3.14}$$

Dies gilt indes nicht für andere Eigenschaften, z. B. den Median oder weitere Quantile. Hier muss immer die kombinierte Wahrscheinlichkeitsdichte herangezogen werden, die sich aus der obigen Faltung ergibt. Es ist zu beachten, dass hier u. a. Autokorrelationen vernachlässigt werden.

Beispiel: Für einen Einzelhändler soll der Verkauf einzelner Artikel mit der Granularität von einem Tag vorhergesagt werden, also jeweils für Montag, Dienstag, Mittwoch, etc. Diese Granularität kann beispielsweise für operative Entscheidungen der Warenwirtschaft genutzt werden. Für andere Anwendungsfälle (z. B. Reporting, Planung beim Großhändler, etc.) wird nun eine Granularität von einer ganzen Woche benötigt. Im Allgemeinen ist es falsch, die Summe der Prognosen für den einzelnen Wochentag zu einer Gesamtsumme zusammenzufassen und dies als Prognose für die ganze Woche zu benutzen. Dieses recht unintuitive Ergebnis ist darin begründet, dass die den Prognosen zugrundeliegenden Wahrscheinlichkeitsverteilungen zum einen asymmetrisch sind, zum anderen untereinander korreliert sein können und daher durch das obige Faltungsintegral zusammengefasst werden müssen. Da dies in der praktischen Anwendung oft nur numerisch und mit großem Aufwand durchzuführen ist, ist es meist besser, für die verschiedenen Ebenen (z. B. Wochentag, Woche, etc.) Prognosen zu berechnen.

3.6.2 Transformation von Prognosen

Bei einer Transformation der Prognose muss ebenfalls die gesamte Wahrscheinlichkeitsdichte berücksichtigt werden:

$$g(x)\,dx = h(y)\,dy \quad \Rightarrow \quad h(y) = g(x(y)) \left| \frac{dx(y)}{dy} \right|$$

Aus der transformierten Wahrscheinlichkeitsdichte können dann die benötigten Quantile und Größen bestimmt werden. Bei monotonen Transformationen $y = T(x)$ können Median und andere Quantile—nicht jedoch der Erwartungswert—einfach berechnet werden: $Q(y) = T(Q(x))$. Insbesondere gilt folgender Zusammenhang: $E[x(y)] = x\,(E[y])$ nur bei *linearen* Transformationen. Im allgemeinen ist also der Mittelwert der transformierten Größe nicht gleich der Transformation des Mittelwerts. Eine bessere Näherung ist:

$$E[x(y)] = x\,(E[y]) + \frac{1}{2} \left. \frac{d^2 x(y)}{dy^2} \right|_{E[y]} \cdot \sigma^2(y).$$

Bewertung von Prognosen

4.1 Einleitung

Wie bereits in Kap. 3 diskutiert, hängen das Erstellen von Prognosen und ihre korrekte Bewertung untrennbar miteinander zusammen. Im folgenden Kapitel soll daher verstärkt auf praktische Aspekte eingegangen werden, die bei der Bewertung eine große Rolle spielen. Einige zusätzliche Kriterien sind in [Hel08] zu finden.

In den meisten Fällen werden in der betrieblichen Praxis die Prognosen *ex post facto*, also nach dem Eintreten des vorherzusagenden Ereignisses, bewertet. Die Bewertung stützt sich dann meist auf verschiedene Komponenten wie die Berechnung und Bewertung von Kennzahlen. Darüber hinaus helfen graphische Darstellungen, die komplexen Zusammenhänge zu veranschaulichen und besser *greifbar* zu machen. Hier ist zu beachten, dass es nicht *die eine* graphische Darstellung gibt, sondern verschiedene Abbildungen unterschiedliche Aspekte hervorheben.

4.2 Bewertung mittels Kennzahlen

Wie bereits in Kap. 3 und insbesondere in den Abschn. 3.3 und 3.4 diskutiert, hängen Prognose und ihre Bewertung eng miteinander zusammen. Dies gilt insbesondere dann, wenn aus der gesamten prognostizierten Wahrscheinlichkeitsdichte ein (optimaler) Punktschätzer berechnet wurde. Dieser ist untrennbar mit der zugrundeliegenden Kostenfunktion verbunden und kann daher auch nur im Zusammenhang mit dieser Kostenfunktion bewertet werden. Daher werden hier nur noch einmal die wichtigsten Eckpunkte hervorgehoben.

In Kürze
- Prognosen (bzw. Punktschätzer) sind i.a. nicht kumulativ, d. h. Prognosen für verschiedene Ereignisse dürfen nicht addiert werden. Die entsprechenden Wahrscheinlichkeitsverteilungen müssen miteinander gefaltet und ein neuer Punktschätzer bestimmt werden. Ausnahme bildet der Erwartungswert. Es ist zu beachten, dass bei einer solchen Aggregation weitere Effekte, wie z. B. Autokorrelationen vernachlässigt werden. Daher ist immer anzuraten, Prognosen so zu erstellen, dass sie direkt weiterverarbeitet werden können (z. B. Prognosen für verschiedene Aggregationsebenen erstellen, etc).
- Bei der Bewertung von Prognosen mittels Kennzahlen ist darauf zu achten, dass ein *genügend großes* Ensemble betrachtet wird, auf dem die Kennzahl berechnet wird, um die statistischen Schwankungen, mit der jede Prognose behaftet ist, zu berücksichtigen.
- Darüber hinaus ist darauf zu achten, dass ein homogenes Ensemble zur Bewertung herangezogen wird – insbesondere muss vermieden werden, Prognosen auf Teilmengen zu evaluieren, die mittels Informationen, die *nach* Erstellung der Prognosen verfügbar wurden, ausgewählt wurden (siehe auch die Diskussion in Abschn. 4.5.1)
- Je nach Kennzahl ist auf numerische Probleme zu achten. Insbesondere quadratische und relative Fehlermaße sind anfällig für numerische Probleme, die die gesamte Auswertung dominieren, bzw. verzerren können.

4.3 Darstellungen

4.3.1 Übersicht

Graphische Darstellungen können helfen, Prognoseverfahren und die so erstellten Prognosen zu veranschaulichen. Es stehen eine Vielzahl unterschiedlicher Darstellungen zur Verfügung, die unterschiedliche Aspekte beleuchten. Sie sind daher geeignet, sowohl verschiedene Prognoseverfahren als Ganzes zu betrachten und zu vergleichen, als auch spezielle Effekte innerhalb eines Prognosemodells zu untersuchen. Die meisten dieser Darstellungen sind entweder für Klassifikationen, also Zuordnungen in zwei oder mehr Klassen, oder für Regressionsprognosen geeignet. Für Klassifikationen sind besonders geeignet: Der Liftchart (siehe Abschn. 4.3.3) mit Gini-Index (Abschn. 4.3.4), die Gegenüberstellung von Reinheit und Effizienz (Abschn. 4.3.5) und die ROC-Kurve (Abschn. 4.3.6). Bei Regressionen sind besonders hilfreich: Der Diagonalplot (Abschn. 4.3.7), der Niveauplot (Abschn. 4.3.8), die kumulierte Abweichung (Abschn. 4.3.9) und die inverse Quantilsverteilung (Abschn. 4.3.10).

Besonders hervorzuheben ist, dass die graphischen Darstellungen bereits bei der Entwicklung des Prognosemodells und bei der Erstellung der Prognose auf dem bekannten Datensatz zur Anpassung des Prognoseverfahrens erstellt werden können. Werden die Darstellungen im Anschluss mit den wahren Ereignissen, für die eine Prognose erstellt wurde, auf einem unabhängigen Testdatensatz verglichen, so sollten die Darstellungen, die von beiden Datensätzen erstellt wurden, gleich aussehen. Auf diese Weise kann die Generalisierbarkeit des Prognosemodells evaluiert werden. Unterscheiden sich die Darstellungen, die auf dem bekannten Datensatz, mit dem das Prognosemodell angepasst wurde, von den Darstellungen, die auf einem unabhängigen Testdatensatz erstellt wurden, so deutet dies darauf hin, dass das zugrundeliegende Prognosemodell übertrainiert, d. h. statistisch nicht signifikante Effekte „auswendig" lernt. In diesem Fall muss das Prognosemodell kritisch überprüft und angepasst werden.

4.3.2 Zeitreihe

In vielen Fragestellungen lassen sich Prognosen und die dazugehörigen Ereignisse als Zeitreihe darstellen. Beispiele hierfür sind Verkaufszahlen im Versand- und Stationärhandel, Liefermengen von Großhändlern oder Warenlagern, etc. Neben der anschaulichen Interpretation können mittels dieser Art der Darstellung die Prognosen auch hinsichtlich systematischer Effekte untersucht werden.

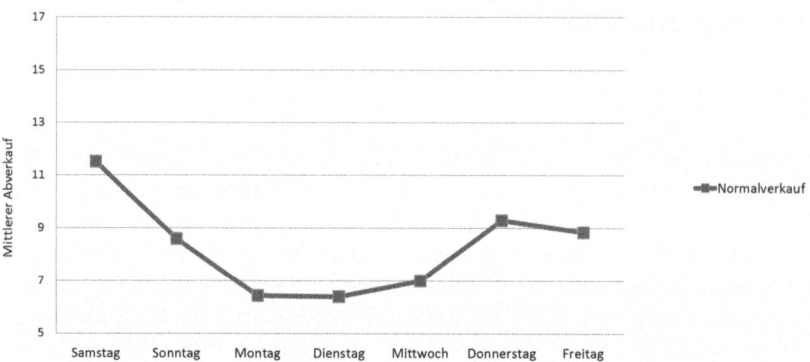

Abb. 4.1 Wochenprofil des Verkaufs eines Artikels im Stationärhandel. Das Beispiel stammt aus einem Land, an dem die entsprechenden Filialen auch sonntags geöffnet sind

Gibt es z. B. periodische Effekte, die vom Prognosemodell nicht ausreichend berücksichtigt werden? Lassen sich einzelne Ereignisse identifizieren, an denen die Prognose das Ereignis nicht gut beschreibt, lassen sich diese Ereignisse mit anderen Ereignissen oder externen Einflussfaktoren verknüpfen? Aus diesen Fragestellungen lassen sich oft Effekte erkennen, die explizit im Prognosemodell berücksichtigt werden können, um so die Qualität der Prognosen zu steigern. Abbildung 4.1 zeigt ein (einfaches) Beispiel für einen solchen Effekt: Das Niveau des Verkaufs von Artikeln im Stationärhandel hängt deutlich vom Wochentag ab: Während am Samstag die meisten Kunden einkaufen gehen, ist der Verkauf am Montag am niedrigsten. Dieser Verlauf muss auch vom Prognosemodell berücksichtigt werden. Dieses Beispiel zeigt auch, dass modellierte Effekte Einfluss auf Strategieentscheidungen haben können: Beispielsweise ließe sich diese Untersuchung auf einzelne Bereiche (Warengruppen, Marktsegmente, etc.) ausdehnen und ggf. der Servicelevel wochentagsabhängig anpassen, um das wirtschaftliche Gesamtziel zu optimieren.

Die Prognose ist als optimaler Punktschätzer letztlich eine Reduktion einer ganzen Wahrscheinlichkeitsverteilung auf eine einzelne Zahl. Abbildung 4.2 veranschaulicht, wie sich weitere Quantile dieser Wahrscheinlichkeitsverteilung verhalten. Dies erlaubt es zum einen, die erwartete Schwankungsbreite der Prognose abzuschätzen, in dem Quantile um den Punktschätzer herum ausgewählt und gleichzeitig betrachtet werden. Die Breite der vorhergesagten Wahrscheinlichkeitsdichte bestimmt, wie nah die Quantile am optimalen Punktschätzer liegen und welche Bandbreite an statistischen Schwankungen zu erwarten ist.

4.3 Darstellungen

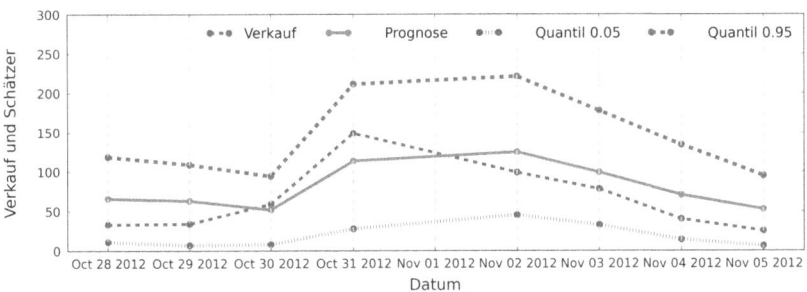

Abb. 4.2 Die Prognose ist als optimaler Punktschätzer für eine gegebene Kostenfunktion eine Abbildung einer ganzen Wahrscheinlichkeitsdichte. Darüber hinaus sind noch zwei extreme Quantile abgebildet ($Q_{0.05}$ und $Q_{0.95}$)

Zum anderen können durch Kenntnis der gesamten Wahrscheinlichkeitsverteilung strategische Unternehmensentscheidungen berücksichtigt werden: Obwohl die Kostenfunktion einen optimalen Punktschätzer als Prognose vorgibt, kann ein anderes Quantil aus der Wahrscheinlichkeitsverteilung ausgewählt werden und dessen Verlauf, bzw. Verhalten, analysiert werden. Damit kann beispielsweise untersucht werden, wie sich das Einhalten von verschiedenen Service-Niveaus, Warenverfügbarkeiten, etc. auswirken und mit den eingetretenen Ereignissen in Beziehung stehen.

Die typische Verwendung der Darstellung von Prognose und eingetretenem Ereignis ist in Abb. 4.3 illustriert. In diesem Beispiel wird der Abverkauf eines einzelnen Artikels im Stationärhandel betrachtet. Die Prognose setzt sich aus zwei unterschiedlichen Teilen zusammen, die sich durch die Wahl des Prognosehorizontes unterscheiden. Beim Prognosehorizont 1 wird der Verkauf des betrachteten Artikels am nächsten Verkaufstag vorhergesagt, beim Prognosehorizont 28 entsprechend 28 Verkaufstage im Voraus. Diese langfristige Betrachtungsweise ist bei der Planung des Dispositionsprozesses und der Warenbeschaffung von besonderer Wichtigkeit: Je genauer die Planung weit in die Zukunft (d. h. mit langem Prognosehorizont) ist, desto besser lässt sich der Warenfluss steuern und entsprechende Fehlmengen vermeiden. Zu Beginn des betrachteten Zeitraums ist das Verkaufsniveau des Artikels stark erhöht. Dies lässt sich mit weitergehenden Informationen zur Werbeplanung in Verbindung bringen, die entsprechend im Prognosemodell zu berücksichtigen sind. Der weitere Verlauf des Verkaufniveaus zeigt deutlich die periodische Struktur des Wochenprofils, die sowohl von der Prognose mit kurzem und langem Horizont akkurat wiedergegeben wird. Darüber

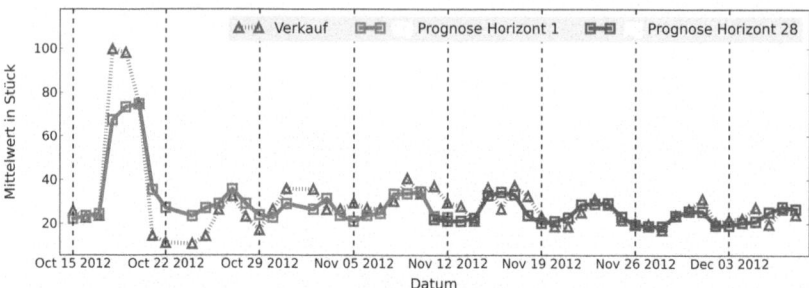

Abb. 4.3 Zeitliche Entwicklung von Prognose und eingetretenem Ereignis. Zu Beginn der betrachteten Periode überstieg das Verkaufsniveau das typische Niveau deutlich, was von der Prognose berücksichtigt wurde. In der Zeitreihe sind sowohl ein kurzer, als auch ein langer Prognosehorizont dargestellt. Die Abbildung stammt aus einem Praxisbeispiel, für das Datumsformat auf der x-Achse wurde die amerikanische Konvention (Monat/Tag/Jahr) gewählt

hinaus ist ersichtlich, dass beim gewählten Prognoseverfahren die langfristigen Prognosen den kurzfristigen in ihrer Genauigkeit in nichts nachstehen.

4.3.3 Liftchart

Der Liftchart (manchmal auch „gains chart" genannt[1]) beschreibt die Sortierfähigkeit eines Modells und eignet sich daher, Klassifizierungen zu beurteilen, kann jedoch auf Regressionsfragestellungen erweitert werden.

Auf der x-Achse ist die relevante Kenngröße in absteigender Reihenfolge nach der Vorhersage sortiert aufgetragen. Auf der y-Achse ist der Anteil der wahren Größe aufgetragen, die zu der auf der x-Achse aufgetragenen Menge gehören, wie die (konstruierte) Tabelle für eine Klassifikation, also die Einordnung von Ereignissen in zwei (oder mehr) Kategorien, veranschaulicht:

---

[1] Die Notation ist leider nicht einheitlich, es werden für verschiedene Abbildungen gleiche Namen verwendet, bzw. verschiedene Namen für die gleiche Abbildung.

4.3 Darstellungen

Nummer	Progn. Wahrscheinlichkeit	Wahre Zielklasse	Kumuliert
1	0,999	1	1
2	0,995	1	2
3	0,990	1	3
4	0,9	1	4
5	0,7	0	4
6	0,65	1	5
7	0,6	0	5
8	0,3	0	5
9	0,25	0	5
10	0,1	0	5

Im Liftchart wäre also auf der x-Achse der jeweils betrachtete Anteil der Testfälle aufgetragen, die nach der prognostizierten Wahrscheinlichkeit sortiert wurden. Auf der y-Achse wird jeweils der Anteil der richtigen Zuteilungen aufgetragen. Dies ist in Abb. 4.4 illustriert und zeigt, dass beim Prognoseverfahren 2 mit den ersten 20 % als beste klassifizierte Prognosen 65 % der wahren Ereignisse enthalten werden, während es beim Prognoseverfahren 1 nur ca. 45 % sind.

Der Liftchart ist nach unten durch die Diagonale begrenzt, die einer zufälligen Vorhersage entspricht. Ein solches Trivialmodell hat also keine Aussagekraft. Nach oben hin ist der Liftchart durch die wahre Sortierfolge begrenzt, wenn alle Ereignisse in der richtigen Reihenfolge sind. Dies ist der kaum erreichbare Idealfall, der das Wissen der Wahrheit (bzw. das *a posteriori*- Wissen, wenn das Ereignis eingetroffen ist) voraussetzt. In Abb. 4.4 sind diese Bereiche grau hinterlegt. Der zugängliche Bereich ist also innerhalb der weißen Fläche. Das Modell ist um so besser, je näher der zugehörige Liftchart am idealen Modell ist und entsprechend je mehr von der weißen Fläche von der Kurve eingeschlossen wird. Eine Variante des Gini-Index (siehe Abschn. 4.3.4) wird aus dieser Maßzahl abgeleitet. Die Verbesserung gegenüber der zufälligen Auswahl wird auch als *Lift* bezeichnet, woraus sich der Name für den Plot ableitet.

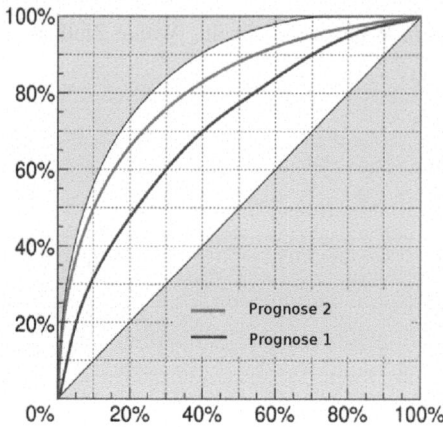

Abb. 4.4 Liftchart zur Veranschaulichung der Sortierfähigkeit des Modells

4.3.4 Gini-Index

Der Gini-Index geht auf C. Gini [Gin55] zurück und ist eine Maßzahl für die statistische Dispersion von reellen Zahlen. Wenn alle Zahlen gleich sind, so ist die Dispersion Null; sie steigt an, je unterschiedlicher die Zahlen sind. Sind alle Zahlen unterschiedlich, ist der Gini-Index 1 (oder 100 bei einer prozentualen Skala).

Eine Variante des Gini-Index kann aus dem Liftchart berechnet werden (siehe Abschn. 4.3.3). Dazu wird die Fläche berechnet, die zwischen der zum Modell zugehörigen Kurve und der Diagonalen eingeschlossen wird. Der Gini-Index ist dann das Verhältnis der von der Kurve umschlossenen Fläche zur Fläche oberhalb der Diagonalen.

Diese Maßzahl kann separat auch für den Idealfall berechnet werden, wenn die Sortierung fehlerfrei reproduziert wurde. Je näher der Gini-Index des Modells an der entsprechenden Zahl liegt, desto näher ist das Modell am Idealfall. Werden zwei verschiedene Modelle verglichen, so hat das mit dem höheren Gini-Index die bessere Sortierfähigkeit.

4.3.5 Reinheit vs Effizienz

Für binäre Klassifizierungen veranschaulicht der Reinheits-Effizienz-Graph, wie gut ein Modell die verschiedenen Klassen (Signal und Untergrund) trennen kann.

$$R = \frac{\text{Anzahl wahrer und selektierter Ereignisse}}{\text{Anzahl selektierter Ereignisse}} \quad (4.1)$$

$$\epsilon = \frac{\text{Anzahl wahrer und selektierter Ereignisse}}{\text{Anzahl wahrer Ereignisse}} \quad (4.2)$$

Dafür werden die Reinheit R und Effizienz ϵ wie in Gl. 4.2 definiert. In der Abbildung wird dann die Effizienz auf der x-Achse aufgetragen, die Reinheit R auf der y-Achse. Der ideale Punkt ist also (1, 1), bei dem alle wahren Ereignisse selektiert werden, ohne dass es zu einer Fehleinschätzung kommt. Die Reinheits-Effizienz-Kurve wird erstellt, indem iterativ ein Schnitt auf die prognostizierte Wahrscheinlichkeit gemacht wird und so für jeden Schnitt jeweils die Reinheit und Effizienz aus den Ereignissen berechnet wird. Im Allgemeinen ist der Wert, der den Punkt mit dem kleinsten Abstand zu (1, 1) in der Abbildung repräsentiert, ein guter Schnitt auf die prognostizierte Wahrscheinlichkeit. Im Detail hängt die optimale Entscheidung jedoch von den relativen Kosten von falschen positiven, bzw. falschen negativen Ereignissen ab. Verschiedene Modelle lassen sich in der gleichen Abbildung darstellen und direkt miteinander vergleichen. Ein Beispiel ist in Abb. 4.5 gezeigt.

4.3.6 ROC

Die Abkürzung „ROC" steht für „receiver operating characteristic"[2] und ist eine graphische Darstellung der Performanz einer binären Klassifizierung. Dieser Plot hat somit eine ähnliche Bedeutung wie die in Abschn. 4.5 vorgestellte Abbildung der Reinheit vs. Effizienz und erlaubt es, verschiedene Klassifizierungsmethoden zu vergleichen und zu bewerten.

Auf der y-Achse ist die Sensitivität aufgetragen, d. h. der Anteil der als positiv klassifizierten an allen in Wirklichkeit positiven Ereignissen (TPR = True Positive Rate):

$$TPR = \frac{\text{(true positive)}}{\text{(true positive)} + \text{(false negative)}}$$

---

[2] Die ROC-Kurve wurde zuerst in der Elektrotechnik entwickelt und angewandt, als während des Zweiten Weltkrieges feindliche Objekte identifiziert werden mussten.

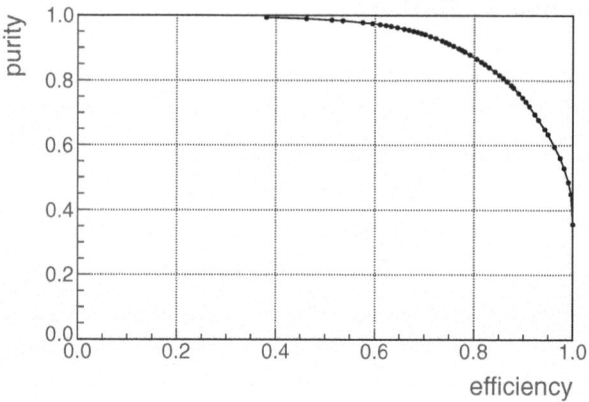

Abb. 4.5 Reinheits-Effizienz-Kurve

dabei sind TP (true positive) die korrekt als positiv klassifizierten Ereignisse, und FN (false negative) die falsch als negativ klassifizierten (in Wahrheit aber positiven) Ereignisse. Die Summe im Nenner entspricht der Anzahl aller wahren positiven Ereignisse.

Auf der x-Achse ist die Rate falscher positiver Klassifizierungen an allen in Wirklichkeit negativen Ereignissen angegeben (FPR = False Positive Rate):

$$\text{FPR} = \frac{\text{(false positive)}}{\text{(false positive)} + \text{(true negative)}}$$

Dabei sind FP (false positive) die fälschlicherweise als positiv klassifizierten, in Wahrheit aber negativen Ereignisse, und TN (true negative) die korrekt als negativ klassifizierten Ereignisse. Die Summe im Nenner entspricht der Zahl aller in Wahrheit negativen Ereignisse.

Die hier benutzten Größen können anhand der sog. *confusion matrix* veranschaulicht werden, die in Abb. 4.6 dargestellt ist.

Der ideale Punkt ist somit $(1,0)$, bei dem alle wahren Ereignisse richtig erkannt werden und gleichzeitig kein falsches Ereignis als „richtig" erkannt wurden. Wie beim Reinheits-Effizienz Plot auch, werden beide Größen durch iterative Schnitte auf die prognostizierte Wahrscheinlichkeit bestimmt und in die Darstellung des ROC eingetragen.

4.3 Darstellungen

	Wahrheit positiv (= TP + FN)	Wahrheit negativ (= FP + TN)
Prognose positiv (= TP + FP)	TP	FP
Prognose negativ (= TN + FN)	FN	TN

Abb. 4.6 Confusion matrix beim ROC

4.3.7 Diagonalplot

Der Diagonalplot stellt die Vorhersage in Bezug zu den tatsächlich eingetretenen Ereignissen. Hierbei wird die mittlere Vorhersage aus der Prognose mit dem Mittelwert der tatsächlichen Ereignisse verglichen. Auf der x-Achse dieser Abbildung wird also der Erwartungswert der individuellen Vorhersagen aufgetragen, der zugehörige y-Wert wird aus dem Mittelwert der eingetretenen Ereignisse bestimmt. Wenn die Prognosen im Mittel die wahren Ereignisse gut beschreiben, muss also der so entstehende Graph auf der Diagonalen zwischen den kleinsten und größten Werten liegen.

Prognosen, bei denen die zugehörige Kurve nicht auf der Diagonalen liegt, beschreiben die wahren Ereignisse dementsprechend nicht, wie in Abb. 4.7 illustriert wird: Hier werden hohe Prognosen überschätzt, niedrige Prognosen unterschätzt. In diesem Fall ist die vom Prognoseverfahren berechnete Wahrscheinlichkeitsverteilung im Vergleich zur der Verteilung der wahren Ereignisse zu breit und macht schlechtere Aussagen für jedes individuelle Ereignis. Dieses konkrete Beispiel zeigt die mittlere tatsächliche Schadenshöhe einer Versicherung im Vergleich zum Erwartungswert (Mittelwert) der prognostizierten Schadenshöhe.

Angewendet auf den Datensatz, der zur Anpassung des Prognosemodells verwendet wurde, sollte die Prognose immer auf der Diagonalen, also auf einer Geraden mit Steigung 1, liegen. Dies gilt auch für ein statistisch unabhängiges Testsample.

Für die Bewertung der Qualität des Modells, das der zu erstellenden Prognose zugrunde liegt, ist es erstrebenswert, dass der Diagonalplot möglichst weit

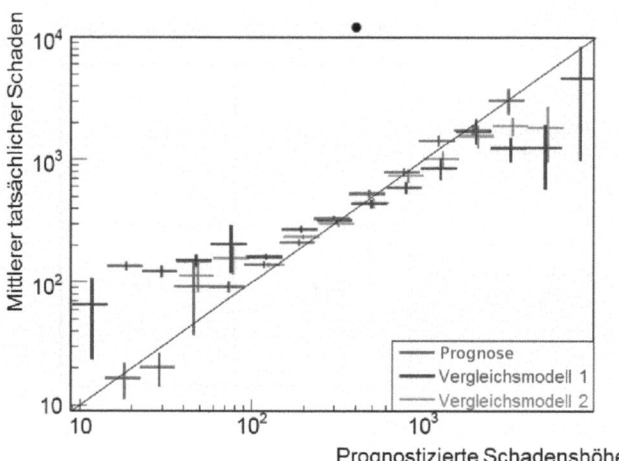

Abb. 4.7 Diagonalplot für den Mittelwert (Erwartungswert) der Wahrscheinlichkeitsverteilung einer Versicherung im Vergleich zur mittleren eingetretenen Schadenshöhe. Besonders zu beachten ist, dass nur ein Prognoseverfahren (gekennzeichnet durch „Prognose") korrekt an die Daten angepasst wurde, da die beiden Vergleichsmodelle nicht auf der erwarteten Diagonale liegen

„auseinander gezogen" ist, also einen möglichst breiten Bereich abdeckt, um so auch kleine Effekte gut beschreiben zu können.

Sollte ein Modell übertrainieren, so kann es sein, dass folgender Fall auftritt: Die Vorhersage hängt linear von den tatsächlich eingetretenen Ereignissen ab, die Steigung der Geraden im Diagonalplot ist jedoch kleiner als 1.

Angewendet auf die zum Modelltraining verwendeten Ereignisse ergibt sich aus dem Modell eine Steigung der Geraden gleich 1 (wie erwartet). Wird das Modell auf ein Ensemble unabhängiger Testereignisse („out of sample") angewendet, ergibt sich eine Steigung von z. B. 0,6. Dies zeigt, dass das Prognoseverfahren auch statistische Schwankungen aus dem Ensemble der Trainingsereignisse gelernt hat. Nach Möglichkeit sollte nun ein besser regularisiertes Verfahren angewendet werden, bzw. versucht werden, das Prognosemodell weiter zu verbessern. Eine Korrektur erster Ordnung wäre, jede Abweichung der individuellen Prognose vom Mittelwert aller Prognosen mit 0,6 zu multiplizieren, um eine korrektere Prognose zu erreichen.

4.3 Darstellungen 69

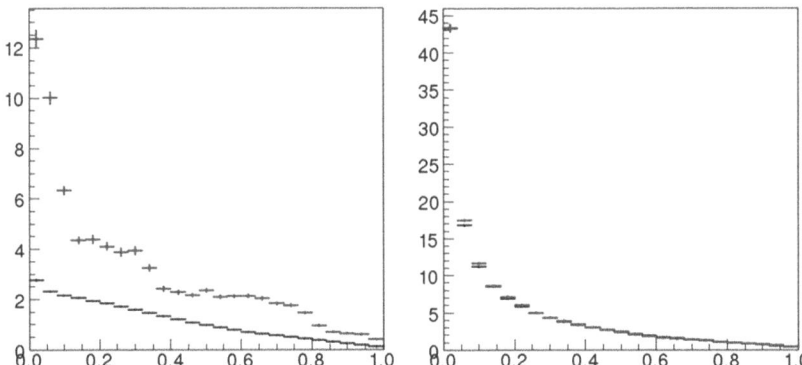

Abb. 4.8 Niveauplot für eine schlechte (*links*) und eine gute (*rechts*) Prognose. Auf der *x*-Achse sind für eine Artikelabsatzprognose die Artikel absteigend nach prognostizierter Absatzhöhe aufgetragen. Auf der *y*-Achse ist der mittlere (wahre) Artikelverkauf, sowie der Erwartungswert (Mittelwert) der Prognose als Punktschätzer für die in der *x*-Achse enthaltenen Artikel aufgetragen

4.3.8 Niveauplot

Der Niveauplot zeigt, ob die prognostizierte Höhe mit den wahren Ereignissen übereinstimmt. Er ist damit komplementär zum im Abschn. 4.3.3 vorgestellten Liftchart. Beide tragen die gleiche Größe auf der *x*-Achse auf. Der Niveauplot zeigt dann auf der *y*-Achse den Punktschätzer im zugehörigen Intervall überlagert mit dem wahren Verlauf.

Dies ist in Abb. 4.8 veranschaulicht. Auf der *x*-Achse ist, wie in Abb. 4.4, der Anteil der Artikel absteigend nach dem numerischen Wert der Prognose aufgetragen. Die *y*-Achse zeigt den zu diesem Intervall zugehörigen Punktschätzer mit dem entsprechenden wahren Ereignis. Für eine gute Prognose liegen die beiden Kurven dicht beieinander. Darüber hinaus sollte die Prognose nicht systematisch über oder unter der Wahrheit liegen. Bei einem guten Modell ist der Wertebereich der *y*-Achse möglichst weit auseinander gezogen, was die Modellierung feiner Details erlaubt.

Sollen verschiedene Modelle miteinander verglichen werden, so muss der Niveauplot für jede Prognose neu erstellt werden, da die Werte auf der *x*-Achse nach der Prognosewahrscheinlichkeit sortiert werden.

Die *x*-Achse darf nicht nach den wahren Ereignissen (z.B den tatsächlich eintretenden Verkaufszahlen von Artikeln) sortiert werden. Dies würde *a posteriori*-

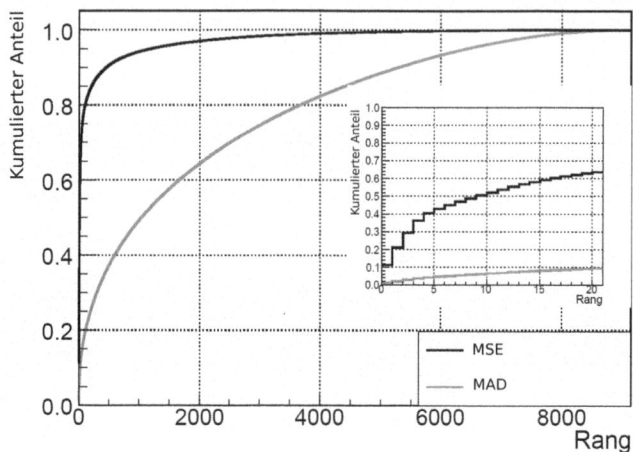

Abb. 4.9 Kumulierte Abweichung für die mittlere absolute Abweichung (MAD) und mittlere quadratische Abweichung (MSE) am Beispiel eines Krankenversicherungstarifs. Man sieht, dass bereits 10 Kunden 50 % der gesamten Fehlersumme beim MSE ausmachen

Wissen („Zukunftsinformationen") verwenden, die zum Zeitpunkt der Prognose noch nicht bekannt war, siehe auch die Diskussion in Abschn. 4.5.

4.3.9 Kumulierte Abweichung

Diese Darstellung veranschaulicht, wie stark die analysierten Ereignisse zu einem Fehlermaß (z. B. die mittlere absolute Abweichung MAD, siehe Abschn. 3.3.3) beitragen.

Auf der x-Achse sind die Ereignisse absteigend sortiert nach dem Rang der Abweichung aufgetragen, d. h. das Ereignis mit der größten Abweichung hat Rang 1. Ein Maß für den Rang ist beispielsweise der Betrag der Abweichung der Prognose p_i vom wahren Wert t_i für ein Ereignis i, also $|t_i - p_i|$. Auf der y-Achse ist das kumulierte Fehlermaß aufgetragen, z. B. der MAD.

Abbildung 4.9 zeigt dies am Beispiel einer Versicherung, wobei als Testgröße sowohl die mittlere absolute Abweichung (MAD, siehe Abschn. 3.3.3), als auch die quadratische Abweichung (MSE, siehe Abschn. 3.3.2) verwendet wurde. Das Beispiel zeigt, dass bei der Verwendung des quadratischen Fehlermaßes bereits die 10 Kunden mit der größten Abweichung der Prognose vom wahren Wert 50 % der gesamten Fehlersumme ausmachen und so die Auswertung dominieren (siehe auch die Diskussion in Abschn. 3.3.2). Dies liegt daran, dass die prognostizierte Wahrscheinlichkeitsverteilung, aus der ein Punktschätzer abgeleitet und operativ verwendet wird, zum Teil lange Ausläufer hat, wie bereits eingangs in Abb. 3.1 dargestellt. Mögliche Punktschätzer, z. B. der Median, werden meist aus dem Bereich der prognostizierten Wahrscheinlichkeitsverteilung stammen, in dem ein Großteil der Ereignisse liegt. Es können aber, wenn auch mit geringer Wahrscheinlichkeit, Ereignisse in den langen Ausläufern auftreten, die dann auch bei perfekter Prognose quasi *per definitionem* weit vom operativ genutzten Punktschätzer liegen. Bei einem quadratischen Gütemaß verzerren diese Ereignisse die Bewertung von Prognosen besonders stark.

4.3.10 Inverse Quantilsverteilung

Bei der Definition des inversen Quantils geht man zunächst von der in Abschn. 2.2.1 in Gl. 2.2 definierten kumulativen Wahrscheinlichkeitsverteilung (cumulative density distribution, CDF) aus:

$$F(x) = \int_{-\infty}^{x} f(x')dx'$$

mit $F(-\infty) = 0$ und $F(+\infty) = 1$. $F(x)$ gibt also den Anteil der Verteilung wieder, die kleinere Werte von x' als das tatsächliche x haben. Ist die kumulierte Wahrscheinlichkeitsverteilung streng monoton und kontinuierlich, dann ist $F^{-1}(y)$ für $y \in [0,1]$ eine eindeutige reelle Zahl x, so dass $F(x) = y$. Dies definiert dann die *inverse Verteilungsfunktion* oder (inverse) Quantilsfunktion. Der Name folgt aus der Eigenschaft

$$Q_\tau = F^{-1}(\tau) \tag{4.3}$$

die das Quantil τ der Wahrscheinlichkeitsverteilung definiert. So ergibt z. B. $\tau = 0,5$ den Median. Dies lässt sich anhand Abb. 4.10 (siehe auch Abschn. 2.2.1) illustrieren. Dieses Beispiel zeigt eine Landau-Verteilung und die zugehörigen kumulierten Wahrscheinlichkeitsverteilung: Der y-Wert der CDF gibt die Position des Quantils τ sowohl in der CDF, als auch in der zugrundeliegenden Wahrscheinlichkeitsverteilung an. Beim Median ($\tau = 0,5$) liegt der zugehörige Wert der Wahrscheinlichkeitsverteilung bei $x \approx 1$.

Fasst man die CDF als neue Variable $s = F(t)$ auf, so wird F zur Transformation, die t auf s abbildet, also $F: t \to s$. Es gilt dann entsprechend $s(-\infty) = 0$ und $s(\infty) = 1$, so dass s den Anteil der Verteilung von t mit Werten kleiner

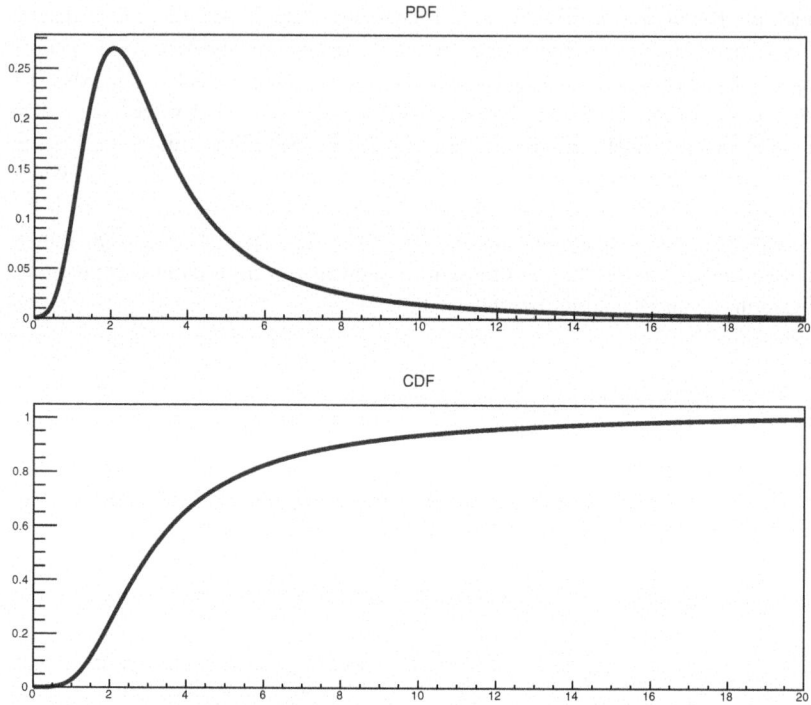

Abb. 4.10 Landau-Verteilung und normierte kumulative Wahrscheinlichkeitsverteilung

als t selbst zurückgibt. Die Wahrscheinlichkeitsdichte $g(s)$ ist daher konstant in seinem Definitionsbereich, dem Intervall $[0, 1]$, und somit kann s als kumulierte Wahrscheinlichkeitsverteilung der eigenen Wahrscheinlichkeitsverteilung gesehen werden, also

$$s = G(s) = \int_{-\infty}^{s} g(s')ds' \qquad (4.4)$$

Dies bedeutet insbesondere, dass eine Darstellung der inversen Quantilsfunktion bei Betrachtung von vielen Ereignissen gleichverteilt zwischen 0 und 1 sein muss, d. h. die Darstellung muss der Horizontalen entsprechen. Diese Darstellung wird in [Hel08] auch PIT- (Probability Integral Transform) Wert genannt. Wird diese Abbildung auf den Ereignissen erstellt, die zum Training oder zur Anpassung des Prognosemodells verwendet wurden, und man erhält keine Gleichverteilung,

4.3 Darstellungen

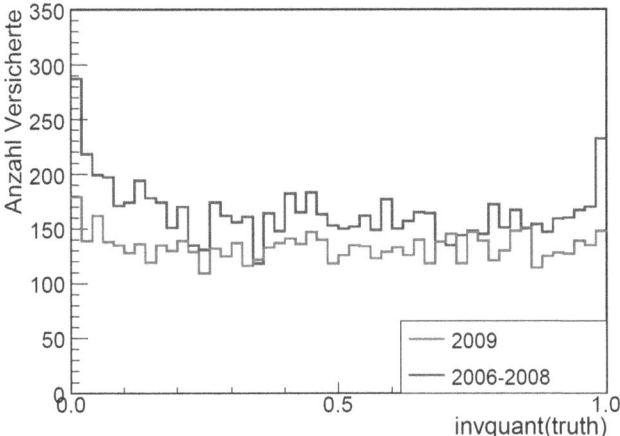

Abb. 4.11 Inverses Quantil: die Prognose für 2009 läst sich als Wahrscheinlichkeitsdichte interpretieren, da die inverse Quantilsfunktion im gesamten Bereich flach verteilt ist. Dies ist bei der Prognose für den Zeitraum 2006–2008 nicht perfekt der Fall und entsprechend hat das eingesetzte Prognoseverfahren im Training nicht alle Effekte vollständig gelernt

so bedeutet dies, dass das Modell keine gute Beschreibung der Ereignisse liefern kann. Auf diese Weise kann das Histogramm als Konsistenzcheck benutzt werden. Wird diese Analyse auf einer Teilmenge der Trainingsereignisse erstellt und man erhält keine Horizontale auf dieser Teilmenge, so kann dies darauf hindeuten, dass es noch weitere Effekte gibt, die noch nicht vom Modell berücksichtigt wurden und ggf. explizit mit hinzugenommen werden müssen. Wird die Abbildung auf unabhängigen Testereignissen, die nicht zur Anpassung des Modells verwendet wurden, erstellt, und man erhält hier keine Horizontale, so verallgemeinert das Modell die erlernten Effekte nicht gut genug auf zuvor unbekannte Ereignisse. Dies kann z. B. auf Übertraining hindeuten oder auch dass allgemeine Trends nicht erfasst wurden. Dies ist in Abb. 4.11 dargestellt: Die Vorhersage für das Jahr 2009 läst sich als Wahrscheinlichkeitsdichte interpretieren, die für den Zeitraum 2006–2008 nicht vollständig ist, da die Verteilung am Rand (bei 0 und 1) nicht der Gleichverteilung entspricht.

Hinsichtlich der Bewertung der Prognosegüte des Punktschätzers erlaubt diese Art der Darstellung keine eindeutige Aussage. Es ist jedoch festzuhalten, dass ein gutes Prognosemodell, das für jedes Ereignis eine korrekte Wahrscheinlichkeitsverteilung prognostiziert, eine flache inverse Quantilsverteilung aufweist.

4.4 Statistische Effekte

4.4.1 Ausreißer

In den vorhandenen Daten ist oft zu beobachten, dass einige Werte weit von allen anderen Werten des Datensatzes liegen. Diese *Ausreißer* müssen oft detailliert analysiert werden, da sich kaum allgemeingültige Aussagen treffen lassen, zumal oft schon schwer zuzuordnen ist, was „weit von allen anderen Werten" im Detail bedeutet.

Es lassen sich mehrere Fälle unterscheiden:

- Bei den Ausreißern handelt es sich um Messfehler und nicht um „echte" Daten, z. B. ist die Nachkommastelle beim Ablesen oder Eingeben der Daten verrutscht. Solche Ausreißer lassen sich nicht vorhersagen, da sie keine „echten" Daten sind und nicht auf in den Daten vorhandenen Mustern beruhen.
- Es handelt sich um „echte" Ausreiser, aber es sind weitere Informationen vorhanden, die mit diesem in Zusammenhang stehen.
- Es handelt sich um „echte" Ausreißer, aber es sind *keine* weitere Informationen vorhanden.

Ein Beispiel für den Fall, dass es sich um einen „echten" Ausreißer handelt, für den weitere Informationen zur Verfügung stehen, wäre ein Kunde, der eine große Menge eines selten gekauften Artikels vorbestellt und diese dann wie geplant abholt. Sind die weiteren Informationen verfügbar, so lässt sich diese Art von Ausreißern in einer Prognose modellieren. Sind keine weiteren Informationen vorhanden, so gehen diese Ausreißer mit in die Modellierung der Daten und der Wahrscheinlichkeitsdichte ein, eine Vorhersage für den konkreten Fall ist aber sehr schwierig. Dieser Effekt ist auch unter dem Namen *Herbergsvatereffekt* bekannt, da in diesem Beispiel der Koch eines Restaurants oder einer Herberge große Mengen von Lebensmitteln aufgrund des Besuchs einer Reisegruppe einkauft. Ein weiteres Beispiel hierfür sind die Krankenkosten eines gesunden Versicherungsnehmers einer Krankenkasse: Im Normalfall werden durch z. B. Routinekontrollen, Gesundheitsvorsorge und „harmlose" Erkrankungen nur geringe Kosten verursacht, die sich gut prognostizieren lassen. Darüber hinaus besteht eine, wenn auch geringe, Wahrscheinlichkeit, (unverschuldet) z. B. in einen schweren Verkehrsunfall verwickelt zu werden. In diesem Beispiel läßt sich gut modellieren, wie groß die Wahrscheinlichkeit allgemein ist, in einen solchen Unfall verwickelt zu werden und entsprechend hohe Behandlungskosten

4.4 Statistische Effekte

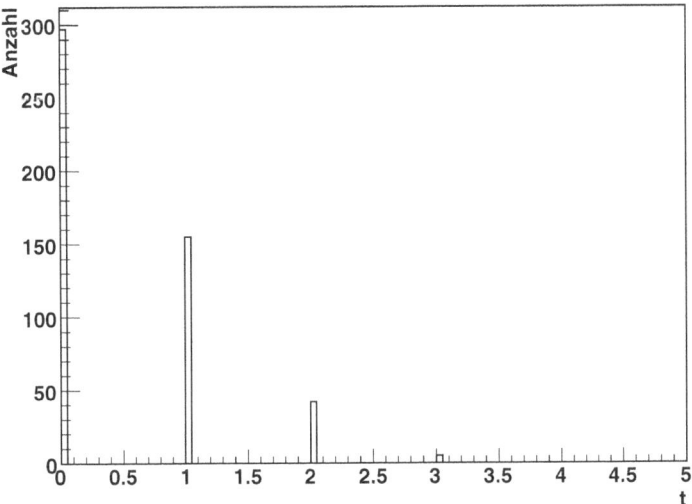

Abb. 4.12 Poisson-Verteilung mit Mittelwert $\mu = 0.5$

zu verursachen, es läßt sich aber prinzipiell nicht vorhersagen, welcher Versicherungsnehmer wann genau in einen solchen Unfall verwickelt wird. Diese Ausreißer lassen sich also prinzipiell nicht vermeiden und müssen entsprechend berücksichtigt werden.

4.4.2 Diskretisierungseffekte

Diskretisierungseffekte treten immer dann auf, wenn z. B. die Vorhersage eine reelle Zahl ist, aber die tatsächlichen Ereignisse nur ganzzahlige (diskrete) Werte annehmen können. Ein Beispiel hierfür sind Artikel, die nur in einer festen Packungsgröße verkauft werden können (z. B. eine Packung Kaffee statt 476 g Kaffeebohnen). Dieser Effekt sollte bei der Bewertung des Prognosemodells besonders berücksichtigt werden, da er sich nicht vermeiden läßt und daher die untere Grenze der Prognosegenauigkeit darstellt.

Diskretisierungseffekte spielen besonders bei kleinen Zahlenwerten eine große Rolle, wie Abb. 4.12 anhand einer Poissonverteilung mit Mittelwert $\mu = 0,5$ veranschaulicht. Selbst wenn die Prognose die Verteilung korrekt beschreibt, also $p = \mu = 0,5$, muss die Prognose vom wahren Wert t abweichen.

Der Diskretisierungseffekt ist mindestens so groß wie der Abstand der Prognose (reelle Zahl) zur nächsten natürlichen Zahl. Wird als zugrundeliegende Wahrscheinlichkeitsdichte die Poissonverteilung angenommen, können die Effekte entsprechend auch größer sein. Eine konservativere Annahme ist es daher, hier die Binomialverteilung anzunehmen und nur den Abstand der Prognose von der nächsten natürlichen Zahl zu berücksichtigen, vergleichbar mit dem Wurf einer Münze, wenn das Ergebnis entweder nur ein bestimmtes Resultat (z. B. „Kopf", 0, etc.) oder ein anderes sein kann (z. B. „Zahl", 1, etc.).
Beispiele:

- Diskretisierungseffekt für $p = 0,5$: Die Vorhersage liegt genau in der Mitte zwischen 0 und 1. In 50 % der Fälle wird das tatsächliche Ereignis also 0 sein, in 50 % 1. Bezogen auf den MAD als Testgröße verwendet (siehe Abschn. 3.3.3), ist die minimale Abweichung von der Prognose mindestens $|t - p| = 0,5$. Dies entspricht dem Binomialfehler $\sigma = \sqrt{p(1-p)}$.
- Diskretisierungseffekt für $p = 0,8$: In diesem Fall wird das wahre Ereignis in 80 % der Fälle bei 1 liegen, in 20 % der Fälle bei 0. Der zugehörige Binomialfehler ist $\sigma = \sqrt{p(1-p)} = 0,4$, der MAD hingegen hat den Wert: 0,8*0,2+ 0,2*0,8 = 0,32.

4.5 Psychologische Effekte

Dieser Abschnitt umreisst kurz die psychologische Komponente beim „intuitiven" Umgang mit Prognosen und veranschaulicht, wie leicht die Intuition „Streiche" spielt. Dabei wird in der Erinnerung verklärt, dass man oft nicht richtig lag, bzw. sich nur dann geäußert hat, wenn das Ergebnis bereits feststeht und man erinnert sich eher wenig daran, wenn man keine oder falsche Prognosen abgegeben hat.

4.5.1 Hindsight Bias

Der *hindside bias* Effekt (siehe z. B. [HP03, Fis03, TK73, Kah12]) beschreibt, dass Menschen intuitiv gerne *a posteriori*- Wissen verwenden, d. h. sich erst dann äußern, wenn das Ergebnis (fast) feststeht („Das habe ich ja schon immer gewusst").

4.5 Psychologische Effekte

Beispiele

- FC Bayern musste einfach die Meisterschaft gewinnen (jetzt, da sie viele Punkte Vorsprung haben).
- Das war ja klar, dass Spieler A wieder daneben schießt.
- Wie war die Prognose für den meistverkauften Artikel am Ende der Saison?

Obwohl die sog. *Renner-Analyse* in der Praxis weit verbreitet ist, ist sie dennoch ein geradezu klassisches Beispiel dafür, wie Prognosen *nicht* ausgewertet werden dürfen. Bei der Renner-Analysen werden die zu bewertenden Prognosen nach den tatsächlich eingetretenen Ereignissen (beispielsweise den Verkaufszahlen von Artikeln am Ende einer Saison) sortiert. Dabei werden nur die Ereignisse mit besonders hohen Zahlenwerten (die sog. *Renner*) betrachtet, d. h. aus der Gesamtheit der Ereignisse wird mittels *a posteriori*- Information (also Zukunftsinformationen, die Wissen beinhaltet, das nicht zum Zeitpunkt, an dem die Prognose erstellt wurde, zur Verfügung stand) begrenzte Auswahl herausgegriffen und mit den dazugehörigen Prognosen verglichen. Wie in Abschn. 3.1.1 ausgeführt ist, basiert jede Prognose auf einem bestimmten Punktschätzer einer vorhergesagten Wahrscheinlichkeitsverteilung. Bei der Renner-Analyse werden jetzt insbesondere die Ereignisse herausgegriffen, die weit in den langen Ausläufern („Schwänzen") der Wahrscheinlichkeitsverteilung liegen. Die Wahrscheinlichkeitsverteilung selbst kann dies korrekt beschreiben: In (wenigen) Fällen werden solche extremen Ereignisse auftreten. Da die ganze Verteilung jedoch auf einen Punktschätzer abgebildet wird, ist dieser in den meisten Fällen sehr weit von dem in der Renner-Analyse eingetretenen Ereignis entfernt. Daher *muss* es so aussehen, dass die meisten Renner nicht gut vom Prognoseverfahren beschrieben werden, obwohl dies in Wirklichkeit nicht stimmt, sondern nur darauf beruht, dass man sich hauptsächlich nur die Ereignisse anschaut, die mit einer sehr geringen Wahrscheinlichkeit eintreten und entsprechend extreme Werte haben.

Beispiel: Die Beeinflussung durch *a posteriori*- Wissen lässt sich durch die Ziehung der Lotto-Zahlen veranschaulichen. Hier liegen (beim deutschen System, 6 aus 49 Zahlen) die Gewinnchancen bei ca. 1:14 Mio. Welche Zahlen gezogen werden, ist (bei einem idealen Lotto-System) rein zufällig und daher ist jede Kombination von 6 Zahlen gleich wahrscheinlich. Sind die Zahlen jedoch gezogen, liegt die Kombination der Zahlen fest, die den maximalen Gewinn garantiert. Die Analogie zur Renner-Analyse ist hier nach der Ziehung der Lotto-Zahlen zu fragen, warum nicht genau diese Zahlenkombination vorhergesagt wurde.

4.5.2 Overconfidence

Der Effekt des Overconfidence (siehe z. B. [P+02]) beschreibt, dass das intuitive Fehlerverständnis oft überschätzt wird. Zum einen gibt man eher viel zu geringe Fehlerbänder an und überschätzt, wie sicher man sich wirklich ist, zum anderen betrachtet man die einzelnen Prognosen isoliert und erinnert sich hauptsächlich an die, bei denen man richtig lag.

Dies wird beim Spiel „Wer wird Millionär" ausgenutzt, da sich der Spieler zum einen überlegen muss, wie sicher er (oder sie) mit der Antwort ist (entweder antworten, einen Joker nutzen oder aufhören), zum anderen werden diese Unsicherheiten multipliziert, anstatt addiert: Eine falsche Antwort beendet das Spiel und alles ist verloren.

Schlusswort 5

Bedingt durch die zunehmende Digitalisierung sowohl des geschäftlichen wie auch des privaten Alltags rücken datengetriebene Entscheidungen zunehmend in den Fokus.

Grundlage für solche Entscheidungen bilden Prognosen, die mittels der vorhandenen Datenlage erstellt wurden. Wie in diesem Buch ausgeführt, ist hierbei die wichtigste Erkenntnis, dass Ereignisse nur mit einer gewissen Wahrscheinlichkeit vorhergesagt werden können und somit einer nicht vermeidbaren Schwankungsbreite oder Volatilität unterworfen sind. Gute Prognoseverfahren berücksichtigen dies und liefern Vorhersagen als eine Wahrscheinlichkeit (bei einer Klassifikation) oder als eine Wahrscheinlichkeitsverteilung (bei einer Regression). Um mit dieser Wahrscheinlichkeit oder Wahrscheinlichkeitsverteilung weiter zu arbeiten, muss, basierend auf der Unternehmensstrategie, entschieden werden, wie diese Information operativ genutzt wird. Bei Klassifikationen wird beispielsweise ab einer Wahrscheinlichkeit von X % das Ereignis der Klasse A zugeordnet, bei Regressionen wird ein Punktschätzer gewählt, der die Verteilung auf eine Zahl abbildet. Dies bedeutet, dass selbst bei einer perfekten Prognose der vorhergesagte Wert (z. B. der operativ genutzte Punktschätzer) vom wirklich eintreffenden Ereignis abweichen wird. Diese zum Teil erheblichen Abweichungen liegen darin begründet, dass selbst ein optimal gewählter Punktschätzer die gesamte zur Verfügung stehende Information auf eine Zahl abbildet und so weitere Informationen über z. B. die Schwankungsbreite und Ausläufer der Wahrscheinlichkeitsverteilung nicht genutzt werden.

Aus diesem Grund ist es von essentieller Bedeutung, sich bei der Bewertung von Prognosen nicht nur auf ein Prognosegütemaß wie z. B. den MAD zu verlassen, sondern umfangreiche Tests und Kontrollen durchzuführen, die sicherstellen, dass die vorhergesagten Wahrscheinlichkeiten und -verteilungen korrekt sind. Darüber hinaus ist es im unternehmerischen Alltag unerlässlich, sich durch eine entsprechende Strategie auf die Ereignisse in den Ausläufern der Wahrscheinlichkeitsverteilung vorzubereiten.

In vielen Projekten hat sich in der Praxis gezeigt, dass sich durch die Berücksichtigung der ganzen Wahrscheinlichkeitsverteilung bei der Erstellung von Prognosen, sowie einer an die unternehmensspezifischen Gegebenheiten angepassten Kostenfunktion ein erheblicher wirtschaftlicher Mehrwert gegenüber Verfahren, bei denen die Prognose nur durch eine Zahl abgebildet wird, gewinnen lässt.

Anhang A
Gängige Prognosegütemaße

Im Folgenden werden gängige Prognosegütemaße aufgelistet. Aufgrund der Vielzahl der in der Literatur diskutierten Maße ist eine vollständige Auflistung nicht möglich.

Die Prognose wird mit p abgekürzt, das wahre Ergebnis, auf das sich die Prognose bezieht, mit t. Das einzelne Ereignis, für das eine Prognose erstellt wurde, mit i.

A.1 Prognosegütemaße für einzelne Ereignisse

Prognosefehler
$$e_i = p_i - t_i$$

Absoluter Fehler
$$AE_i = |p_i - t_i|$$

Quadratischer Fehler
$$SE_i = (p_i - t_i)^2$$

Prozentualer Fehler
$$PE_{1,i} = \frac{t_i - p_i}{p_i} \cdot 100\,\%$$

$$PE_{2,i} = \frac{t_i - p_i}{t_i} \cdot 100\,\%$$

Absoluter Prozentualer Fehler

$$\text{APE}_{1,i} = \left|\frac{t_i - p_i}{p_i}\right| \cdot 100\%$$

$$\text{APE}_{2,i} = \left|\frac{t_i - p_i}{t_i}\right| \cdot 100\%$$

Prognose-Ereignis-Asymmetrie

$$a_{tp,i} = \frac{t_i - p_i}{t_i + p_i}$$

A.2 Prognosegütemaße für eine Gesamtheit von Ereignissen

Mittlerer Absoluter Fehler

$$\text{MAD} = \frac{1}{N}\sum_{i=1}^{N}|p_i - t_i|$$

Mittlerer Relativer Absoluter Fehler

$$\text{rMAD} = \frac{\sum_{i=1}^{N}|t_i - p_i|}{\sum_{i=1}^{N}t_i} = \frac{\text{MAD}}{\frac{1}{N}\sum_{i=1}^{N}t_i}$$

Mittlerer Quadratischer Fehler

$$\text{MSE} = \frac{1}{N}\sum_{i=1}^{N}(p_i - t_i)^2$$

Root Mean Squared Error

$$\text{RMSE} = \sqrt{\frac{1}{N}\sum_{i=1}^{N}(p_i - t_i)^2}$$

Anhang A Gängige Prognosegütemaße

Theilscher Ungleichheitskoeffizient
Dieses Maß ist definiert als

$$U_2 = \frac{\sqrt{\frac{1}{T-h} \sum_{t=h+1}^{T} (P_t - A_t)^2}}{\sqrt{\frac{1}{T-h} \sum_{t=h+1}^{T} (A_t)^2}}$$

wobei

$$P_t = \frac{\hat{x}_t - x_{t-h}}{x_{t-h}} \quad \text{und} \quad A_t = \frac{x_t - x_{t-h}}{x_{t-h}}$$

Dabei bezeichnet $\hat{x}_t$ die Prognose für den Zeitpunkt t, x_t den wahren Wert zum Zeitpunkt t und x_{t-h} den wahren Wert zum Zeitpunkt $t - h$, wobei h den Prognosehorizont repräsentiert.

Literatur

[AS00] P. Andres and M. Spiwoks. *Prognosegütemaße, State of the Art der statistischen Ex-post-Beurteilung von Prognosen*. Sofia-Studien zur Institutionenanalyse, 2000.

[Ben39] F. Benford. The law of anomalous numbers. *Proceedings of the American Philosophical Society*, 1939.

[BH96] J. Breckling and M. Hillmer. *Verschiedene Verfahren zur Zinsprognose: Ein methodischer Prognosegütevergleich*. Karlsruher Ökonometrie-Workshop. Heidelberg: Physica-Verlag, 1996.

[BL98] V. Blobel and E. Lohrmann. *Statistische und numerische Methoden der Datenanalyse*. B. G. Teubner, 1998.

[BS73] F. Black and M. Scholes. The pricing of options and corporate liabilities. *Journal of Political Economy*, 1973.

[DGT98] F. Diebold, T. Gunther, and A. Tay. Evaluating density forecasts with applications to financial risk management. *International Economic Review*, 39, 1998.

[Fis03] B. Fischhoff. Hindsight $\neq$ foresight: the effect of outcome knowledge on judgment under uncertainty. *Qual Saf Health Care (12(4)m 304–312)*, 2003.

[Gin55] C. Gini. Variabilita e mutabilita. *Memorie di metodologica statistica*, 1955.

[GY20] M. Greenwood and G. Yule. An inquiry into the nature of frequency distributions representative of multiple happenings with particular reference to the occurrence of multiple attacks of disease or of repeated accidents. *Journal of the Royal Statistical Society*, 83:255–279, 1920.

[Han83] K.-W. Hansmann. *Kurzlehrbuch Prognoseverfahren*. Gablers Kurzlehrbücher. Gabler, 1983.

[Hel08] Leonhard Held. *Methoden der statistischen Inferenz*. Spektrum Akademischer Verlag Heidelberg, 2008.

[HP03] U. Hoffrage and R. Pohl. Research on hindsight bias: A rich past, a productive present, and a challenging future. *Memory (11:4–5, 329–335)*, 2003.

[Hüt86] M. Hüttner. *Prognoseverfahren und ihre Andwendung*. de Gruyter, 1986.

[Jef56] H. Jeffreys. An invariant form for the prior probability in estimation problems. *Proceedings of the Royal Society (A 24 vol. 186)*, 1956.

[Kah12] D. Kahneman. *Thinking, Fast and Slow*. Penguin, 2012.

[KS96]   G. King and C. Signorino. The generalization in the generalized event count model, with comments on Achen, Amato, and Londregan. *Political Analysis*, 6:225–252, 1996.

[Küs12] U. Küsters. Evaluation, Kombination und Auswahl betriebswirtschaftlicher Prognoseverfahren. *in: Prognoserechnung, Physica-Verlag*, 2012.

[Lee07] T. Lee. Loss functions in time series forecasting. Department of Economics, University of California, Riverside, 2007.

[MABF08] B. McShane, M. Adrian, E. Bradlow, and P. Fader. Count models based on Weibull interarrival times. *Journal of Business and Economic Statistics*, 26, 2008.

[Mas98] T. Masters. Just what are we optimizing, anyway? *International Journal of Forecasting*, 14:277–290, 1998.

[New81] S. Newcomb. Note on the frequency of the use of different digits in natural numbers. *American Journal of Mathematics*, 1881.

[P+02]   G. Pallier et al. The role of individual differences in the accuracy of confidence judgements. *The Journal of General Psychology (129(3), 257–299)*, 2002.

[Rad02] D. Radowski. Wie treffsicher sind Prognosen?, March 2002. ZEW Konjunkturreport.

[Rot74] K. Rothschild. Zur Frage der Erfolgsbeurteilung ökonomischer Prognosen *Zeitschrift für die gesamte Staatswissenschaft*, 130:577–586, 1974.

[Rud98] A. Rudolph. *Prognoseverfahren in der Praxis*. Wissenschaftliche Beiträge 165. Physica Verlag, Heidelberg, 1998.

[Sch80] J. Schwarze. *Statistische Kenngrößen zur ex-post Beurteilung von Prognosen (Prognosefehlermaße)*. Arbeitsgruppe Prognoseverfahren der Deutschen Gesellschaft für Operations Research. Verlag Neue Wirtschaftsbriefe GmbH, 1980.

[Sch11] P. Schnäbele. *Bayes Statistik und konjugierte Verteilungen*. Karlsruhe Institute of Technology, Karlsruhe, Germany, 2011.

[SH82]   J. Schwarze and J. Weckerle (Hrsg). *Prognoseverfahren im Vergleich: Anwendungserfahrungen und Anwendungsprobleme verschiedener Prognoseverfahren*. Fachtagung der Deutschen Gesellschaft Operations Research. Braunschweig (Selbstverlag), May 1982.

[The71] H. Theil. *Principles of Econometrics*. John Wiley & Sons, 1971.

[TK73]   A. Tversky and D. Kahneman. Availability: A heuristic for judging frequency and probability. *Cognitive psychology (5, 207–232)*, 1973.

[Wei39] W. Weibull. *A Statistical Theory of the Strength of Materials*. Ingeniörsvetenskapsakademiens handlingar. Generalstabens litografiska anstalts förlag, 1939.

[ZL04]   M. Zhu and A. Lu. The counter-intuitive non-informative prior for the Bernoulli family. *Journal of Statistics Education (vol. 12, no. 2)*, 2004.

The manufacturer's authorised representative in the EU is Springer Nature Customer Service Centre GmbH, Europaplatz 3, 69115 Heidelberg, Germany. If you have any concerns regarding our products, please contact ProductSafety@springernature.com

Printed and bound by CPI Group (UK) Ltd, Croydon, CR0 4YY
23/03/2026
02076460-0005